電子・情報通信基礎シリーズ 6

柳澤　健／秋山　稔
高橋　清／志村正道　編集

ディジタル伝送ネットワーク

辻井　重男
河西　宏之　著
坪井　利憲

朝倉書店

はしがき

明治 11 年，福沢諭吉は「民情一新」を著し，その中で「蒸気船車，電信，印刷，郵便の 4 者は 1800 年代の発明工夫にして，社会の心情を変動する利器なり」とし，この 4 者は「社会全面に影響を及ぼし，内部の精神を動かして智徳の有様をも一変したるもの」と述べている．

確かに，これらの文明の利器は社会全面に影響を及ぼし，日本の近代化に大きく貢献したが，果たして，日本人は「内部の精神」をどこまで動かされたのだろうか．これに比べて，現在，急激に地球を覆いつつあるインターネットは，日本人の「内部の精神」をも動かして，国民国家の変容すら迫るほどの勢いが感じられる．

欧米でも，今，ネットワークによって第二の市民革命が起きつつあると言われている．伝統的な縦割り型社会が長く続いた日本では，市民という概念には馴染みが薄かったようであるが，今後，自立した個を水平に結んだ市民ネットワークが構築されていく中で，わが国にも遅ればせながら，市民社会が成熟していくものと期待される．

現在のインターネットは，従来の中央集権的階層構造をもつネットワークに比べて，民主的・分散的な草の根ネットワークである点で画期的ではあったが，既存の通信網のインフラストラクチャを活用していることは言うまでもない．また，現在のインターネットは，アドレス空間の不足，周波数帯域の狭さ（したがって伝送速度の遅さ），情報セキュリティの低さなどが問題となっており，次世代インターネット構築が検討されている中で，これまでの信頼性の高い広帯域通信網の知的資産を利用する場面も多くなるであろう．

本書は，このように激しく変貌していく情報ネットワークの動向を踏まえ，その基盤となる伝送システムについて，情報通信工学を志す学部，大学院学生あるいは通信技術者を対象として，伝送メディア，符号化と変復調，多重化と同期，中継伝送ディジタル技術，アクセスディジタル伝送技術，光伝送システム，無線通信システム，およびマルチメディアトランスポートネットワークの章立てに沿って記述したものである．

独学もできるように，最新の動向まで含めて，丁寧にわかりやすく記述したつもりであり，ネットワークの基礎の学習に役立てて頂ければ幸いである．

2000 年 8 月

辻井重男

目　　　次

1. 情報通信ネットワーク時代の到来とそのインパクト

情報通信は 21 世紀のインフラストラクチャと考えられており，その普及に向けてさまざまな政策やプロジェクトが各国から発表されている．本章では，情報通信が文明・文化をはじめとして社会・経済システムに与える影響の大きいこと，および情報化の主要技術動向について述べ，ディジタル伝送ネットワークを学ぶ意義を明確化している．情報通信時代を築く技術はもちろんであるが，倫理や法律の問題にも目を向けてほしい．

1.1 概　　論

情報通信ネットワークは，ボーダレス化し，大競争時代に入った国際環境のなかにあって社会基盤となるものであり，また活力源となるシステムである．そのため，各国は情報通信に関する技術開発を推進するだけではなく，情報通信ネットワークの普及や活用についてさまざまな政策やプロジェクトを発表している．

なかでもアメリカは熱心であり，1993 年にクリントン・ゴア政権が発足するとまもなく全米情報インフラストラクチャ（NII : national information infrastructure）構想を発表し，アメリカ社会を抜本的に変革させるための基本政策とした．そのポイントは，“いつでも，だれでも，どこからでも多様なメディア—音声，データ，イメージ，動画—を用いて，経済的に情報へアクセスすることを可能とする情報インフラストラクチャの実現”である．これによって雇用の創出と労働における生産性の向上をはかり，さらには社会サービス，教育，娯楽での画期的な改善をはかることを狙いとした．そのためには，“情報を持つもの”と“持たざるもの”との格差を社会的階層，人種を超えて解消することが重要であると考えている．この NII の延長線上にあるのが，1994 年 3 月にゴア副大統領が提唱した GII（global information infrastructure）構想である．これは全世界レベルの情報インフラストラクチャの構築を狙いとしており，GII サミットが開かれるなど各国共通の重要事項となっている．

わが国においては，資源・エネルギー，環境，少子化・高齢化，財政難など幾多の問題が顕在化している．情報通信ネットワークは，日本の社会システムを変革し，これらの諸課題を解決するためのインフラストラクチャとして大いに期待されている．この整備が進むことによって男性と女性，高齢者と若者，大都会と小都市，大企業と小企業などの不均衡が解消され，各人，各組織，さらには各地域などに，個々の能力や個性を発揮させることが可能となる．

本章では，情報通信ネットワークの普及によるインパクトについて述べることとする．

1.2　文明・文化と情報通信ネットワーク

インターネットに象徴される情報ネットワークの地球規模での浸透は，時間と距離の壁を克服し，文明の構造や文化の概念を大きく変えていくものと予想される．文明や文化を一義的に定義することはむずかしいが，ここでは，文明とは人類にとって普遍性のあるインフラストラクチャを意味するものとし，また，文化とはあるグループに固有な言語，思考形態，価値観，美意識や生活・行動様式などの総体を指すものとする．従来，国際的に普遍性のあるインフラストラクチャのなかで，情報に関係するものとしては，印刷，郵便，電話，放送，テレビなどがあり，これらの情報文明が各地域・民族間の文化交流に大きな力を発揮してきた．たとえば，西洋文化が世界を制覇したかにみえたのは，自由，平等，博愛といった近代の理念が無謬の真理であったというよりも，印刷技術による情報普及能力によるところが大きかったというべきであろう．

しかし，これからの情報通信ネットワーク化の展開は，これまでとは質的に異なった影響を文明・文化の構造に与えるように思われる．文書・画像を含むいわゆるマルチメディアネットワークに誰もが自由にアクセスし，個人レベルで情報の受発信が可能な状況が地球を覆いはじめている．情報通信ネットワークが国境を越えて展開されるとき，法制度や慣行の国による違いが問題となってくる．グローバルスタンダードは，経済活動面を中心とする国際ルールであり，そのようなグローバル化への動きは急速に強まっている．たとえば，アメリカでは著作権管理情報の虚偽表示，改ざん，除去についての規制があるが，日本の法律には規定がない．規制撤廃の流れと逆のことをいうようであるが，情報財の流通を促進するという積極的な意味からもこのような規制は必要であろう．

情報通信ネットワークのボーダレス化は，物理的なネットワークに止まらず，法制度，経済システム，さらにはある場面では言語までが世界的文明インフラストラクチャとして重層化することを意味している．これまでの文明に比べ，格段に厚くなった文明層の上で人々の諸活動が展開され，文化層が形成されることになるが，このことは文化の概念や構造にも影響を及ぼさずにはおかない．

1.3　経済と情報通信ネットワーク

CALS（continuous acquisition and life-cycle support：生産・調達・運用支援統合情報システム）に象徴されるような電子調達などの経済的インフラストラクチャも国境を越えて整備される方向にある．情報通信ネットワークには税関という物理的関所を設けることはできない．情報通信ネットワーク社会では，物理的なレベルでのネットワークが国際的なインフラストラクチャになるのみではなく，その瞬時性と広域性から法制度や経済システムについても国際的合理性，透明性のあるインフラストラクチャの構築を促すことになる．

CALSは，1990年代半ばからcommerce at light speedの略ともいわれているように，光が伝搬する速さで商取引が行われる世界であり，そこでは，各国固有の法制度ではなく，世界法のもとで運用することを決めざるをえない．また，種々の要因や歴史的経緯から，電子商取引における使用言語は英語となる可能性が高い．

1879年に福沢諭吉は，その著「民情一新」において情報という言葉を初めて使用するとともに，電信や郵便がその後の日本に与える影響の大きいことを論じている．実際，西洋文明の導入が日本文化に大きな変化をもたらしたことは改めて述べるまでもない．それにもかかわらず，われわれは村落共同体的な情緒的連帯のもとに生活しており，欧米，特にアメリカとは異なる文化を保有している．しかし，CALSのなかで談合することはむずかしい．すこし図式的にすぎる表現であるが，義理人情ベースの積分型世界観と契約ベースの微分型世界観という東西の両文化が情報通信ネットワークの上で衝突したときの勝負は目にみえている．今後の情報通信ネットワークの上で展開される経済活動は，われわれの倫理観や談合体質を根本から変えていくことになるのではないだろうか．

1.4　法制度と情報通信ネットワーク

経済のボーダレス化にともなって，その活動を円滑に行うためには，法制度も国際化していかなければならない．さらに，国際的ネットワーク上で繰り広げられる犯罪的行為を取り締まるセキュリティの観点からもこのことは必要である．各国の法制度は，その国の人々の価値観や倫理観を基盤としている以上，法制度を変えることは容易ではない．しかし，今後，何十年かにわたって徐々に法制度も倫理観もあるレベルまで国際的に斉一化していくことは疑いない．

倫理観が国際的平準化へ向かうであろうと予測する一つの根拠として，プライバシー保護の問題がある．EU（ヨーロッパ共同体）では，域外第三国が十分なレベルの個人情報保護措置を講じていない場合には，加盟国から域外第三国への個人情報の移転を禁止することを検討している．わが国は，EUより個人情報保護レベルが低いと認定される可能性もあるが，これはもともと，わが国のプライバシーに対する意識の低さによるものである．国際ネットワークの進展による外圧は，わが国のプライバシー保護に関する法制面の強化と合わせて，われわれのプライバシーに対する意識を高める方向に働くことになるであろう．

現在の経済システムや法制度は，情報通信ネットワーク時代に適合するようには作られていない．将来，物的現実世界と情報通信世界が深く交差し，融合する空間のなかで人々が生活するようになることを考えるとき，たとえばこれまでの有体財を対象としてきた法制度は情報財を含む形に全面的にデザインしなおす必要があろう．わが国の法曹界では，新たな立法よりも法解釈で状況の変化に対処するという慣習が強い．しかし，新たな世界がひらけてきた現在，このような手法は通用しない．そして新たな法制度を考える場合，国際的整合という視点を忘れてはならない．

1.5 組織と情報通信ネットワーク

情報通信ネットワークの普及は，組織のフラット化を促すといわれているように，上下の階層的構造を弱めていく．これは組織論に限定されるだけではなく，心情や倫理観においても，タテの序列感覚を薄めていくことになる．“昔，ドイツに留学したとき，年長のプロフェッサーからある招待状を頂き，電話でご返事をしたら，他の人からそんな失礼なことをするものではないと注意を受けた”という経験談が語られている．電子メールでのやりとりの時代にあっては失礼も何もあったものではない．しかし，電子メールのもつ国際性は，各国における序列感覚という文化の差を減少させる方向に作用する．そしてタテ感覚のおそらく最も希薄な国，アメリカに近づいていくことになろう．これは良い悪いの問題ではなく，情報通信ネットワークの特性による必然性である．

さらに，見方を変えれば，民族やあるグループの平均値の差（分散）よりも個人差のほうが大きいと考えられる．個人が少数の帰属集団から解放され，情報通信ネットワークを通じて多くの集団に属し，人それぞれの個性によって生きるとき，文化の構造にも変化が生じるであろう．人々の心情や価値観，倫理観なども国や民族ごとの差が減少し，個人の趣味，専門，価値観，美意識などによって結ばれた地球横断型の文化が 21 世紀を通じて育っていくものと思われる．

われわれとてこれが暴論とはいわぬまでも極論であることは十分心得ている．たとえば，言語は文化の基本要素であるが，言語が簡単に変わらない限り，地域や民族特有の文化が消えるわけではなく，地球横断型の多元的文化と直交する地域縦割型の文化も急速に成長していくことも疑いないところであろう．

1.6 グローバルスタンダードと情報通信ネットワーク

文明層が経済的，法制度的基盤を含む形で従来より格段に重層化し，かつ国際的に広域化し，その上に同じく国境を越えた広域的文化活動が展開されるような情報通信ネットワーク社会の到来が予想される．

このようなネットワーク社会の最も重要な物理的基盤が光情報通信網である．光ファイバ通信技術の進展は目覚ましいが，現在，実現されている伝送容量は光ファイバの持つ潜在的能力の百分の一程度である．この潜在的能力を引き出し，広く多くの人々に対して個性的で多様な活動を自由に行えるようなインフラストラクチャの提供が望まれるところである．しかし，ネットワーク社会のインフラストラクチャとして，光情報通信網のような物理的機能を提供する基盤のみでは不十分なことはすでに述べた通りである．

ネットワーク社会のあるべき姿を一意的，かつ固定的に描くことは不可能に近いし，またその必要もないと思われる．しかし，最低限いえることは，すでに述べたように重層化し，グローバル化したインフラストラクチャは，人々が個性を発揮し，自由に活動できるための舞台であり，それに必要な豊かな機能を備えた信頼性の高いものでなければならない，ということである．豊かで安全な機能としては，ネットワークのサービス機能はもちろん，経済システムや法制度などが含まれる．今後，経済システムや法制度が情報通信世界（サイバー世界）に適合するように作られていかなければならないが，国際的整合，あるいはグローバルスタンダードという視点を忘れてはならない．

1.7 ディジタル技術と情報通信ネットワーク

情報通信ネットワークは1990年代に入って爆発的ともいえる発展をみた．その技術的要因は“砂とガラスと空気”ともいわれている．それぞれがLSI，光ファイバ，電波を意味しており，情報の処理や伝達に不可欠な構成要素である．情報通信ネットワークを便利で使いやすいものとする技術の代表例を以下に述べる．

a. 光通信網

光通信網は，光ファイバを伝送媒体とし，情報通信ネットワークの骨格を形成するものである．実際には，多重化という技術によって多数の情報を束ねて伝達する基幹系とその基幹系への足まわりである加入者系（アクセス系）から成り立っている．

光ファイバケーブルは，

（1） 広帯域性（利用できる周波数幅が非常に広い．たとえば，マイクロ波や同軸ケーブルの1万倍以上の潜在的伝送容量を有している）

（2） 低損失性（ケーブルの伝送損失が非常に少ない）

（3） 細径性（直径が1ミリメートルに満たない）

（4）　無誘導性（電気回路から妨害を受ける誘導がない）

などの優れた性質を有する．この光ファイバケーブルを用いた通信では，ディジタル情報との整合性がよいことが特徴である．ディジタル情報の“1”と“0”に対応するパルスの“有”と“無”によってレーザダイオードなどによって発光する光をオン/オフする光直接変調方式がおもに用いられる．非常に高速のパルスで変調しても光ファイバケーブルの低損失性によって長距離の伝送が可能である．そのため光ファイバケーブルは早くから基幹系に導入され，日本全土の大動脈を形成し，遠距離通信料金の低廉化に大きく貢献してきた．

光ファイバが，その低損失性を発揮する周波数帯域は30 THzに達し，潜在的に可能な情報伝送速度は20 Tb/s（テラビット/秒，1 Tb/sは毎秒1兆個のパルスを伝送する速度）にのぼると推定されている．現在，実用化されている伝送速度は波長多重技術などの進歩により，数100 Gb/s（ギガビット/秒，1 Gb/sは毎秒10億個のパルスを伝送する速度）に達している．今後の技術開発によってTb/s伝送の実現も夢ではなくなっている．

アクセス系は，ISDNサービスが開始された1988年頃までの数十年間，技術革新の影響をほとんど受けることがなかった．それは，通信の主体が電話であった時代においては，音声1チャネルを伝送するのに足る加入者線があれば十分であったからである．しかし，1990年代に入ってインターネットが普及し，個人加入者もデータ通信を行うようになったが，加入者線としては電話用に引かれたペアケーブルと呼ばれる銅線をさまざまなシステム技術を活用して利用している．今後，動画像や臨場感のある高精細映像を含む本格的なマルチメディア通信の普及にともなって加入者線を光ファイバケーブルに置きかえていくことが不可欠となろう．政府は2005年を目途に光ファイバケーブルを全加入者に敷設することを国策としてうたっている．このような光アクセス系を普及させるためには，人々の情報活動の自由度を最大限に高めるようなシステム技術や利用技術の開発が望まれる．

b.　インターネット

インターネットは，一般にはネットワークのネットワーク，すなわちローカルエリアネットワーク（LAN：local area network）などのネットワークを相互に接続したネットワークを意味している．これに対して固有名詞としてのインターネット（the internet）もあり，それは研究者間の情報交換用ネットワークとして使用されたものである．この研究者ネットワークで使われたプロトコルをはじめとした接続技術が広く商用システムにも使用されるようになり，1990年代に入って一般的な意味としてのインターネットが爆発的な普及をみることになった．図1.1にインターネットサーバ数の増加の様子を示す．1999年1月には，世界のサーバ数は4000万台以上にのぼり，LANによってサーバに接続されたコンピュータ数を合計すると3億以上に達すると推定される．

インターネットの歴史は，1969年のアーパネット（ARPANET）に始まる．このネットワークは，アメリカ本土がミサイル攻撃を受けた状況においても全土に広がる軍事施設に情報を確実に伝達できることを目指してアメリカ国防省において検討されたものである．当初は，カルフォルニア大学サンタバーバラ校，同ロサンゼルス校，スタンフォード研究所，ユタ大学の4カ所を接続して運用された．技術的にはパケット通信を適用したこと，現在のインターネットの標準プロトコルであるTCP/IPを開発したことに意義がある．TCP/IPは，1983年以来，デファクトスタンダードとして広く使用されているが，1970年の後半にアーパネットを利用して開発されたコンピュータ間の接続手順である．アーパネットは1980年代に入って，国防省のネットワークとしてMILNETを分離し，もっぱら研究者用ネットワークとして1990年まで利用された．

1985年にはNSF（national science foundation）が全米，5カ所のスーパコン

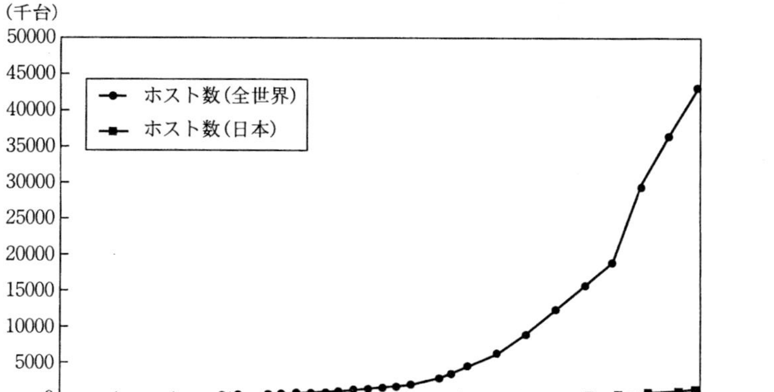

図 1.1　インターネットの発展経緯（Network Wizard社資料により作成）

ピュータセンタを結ぶ NSF ネットワークを計画した. その目的は, 多くの研究者にスーパコンピュータの利用機会を作ろうということであった. 計画の翌年, 1986 年に 64 kb/s のネットワークが完成し, さらに 1988 年には 1.5 Mb/s, 1992 年には 45 Mb/s へとバージョンアップされた. 1990 年からはアーパネットの役割も持つようになり, 研究情報ネットワークの中心的存在となった. しかし, 1990 年代にはいると商用インターネットの普及もあり, NSF ネットワークは 1995 年 3 月をもってその役割を閉じた. 一方, NSF ネットワークを閉じるにあたり, 全米のスーパコンピュータセンタを結ぶネットワークに対する期待は大きく, 1995 年から vBNS (very high speed backbone network system) が提供されている.

アメリカにおいてはインターネットの普及を政府が率先して行っている. 1996 年にはクリントン大統領が次世代インターネット技術の開発計画を発表している. さらに 1997 年の大統領の一般教書では, 「すべてのアメリカ国民が 8 歳で文字を読め, 12 歳でインターネットを使用でき, 18 歳で大学に進学できる」教育大国を目指すことを述べている. すなわち, インターネットを使用できることが文字を読めることと対等の立場に位置づけられている. これは情報通信ネットワークがインフラストラクチャとなり, 私達が生きていくためになくてはならないものになっていることを物語っている.

c. コンピュータ

ディジタルコンピュータは, ペンシルバニア大学で 1946 年に開発されたエニアック (ENIAC : Electronic Numerical Integrator and Computer) が最初といわれている. このコンピュータは, 真空管を 1 万 8000 本使用し, 毎秒 5000 回の加算, 300 回の乗算が可能な性能を有し, 弾丸の軌道計算などに使用された. しかし, 第二次世界大戦中の 1943 年に, イギリスが「コロッサス」(古代の巨像にちなんで命名) と呼ぶ暗号解読用のコンピュータを完成していた. この事実は 1981 年までの 30 年以上にわたり公表されずにいたこともあるが, これが世界で最も早い時期に開発されたコンピュータともいえよう. このように初期のコンピュータは軍事目的で使用された.

1950 年代に入ると商用のコンピュータが現れ, 民間でも使用されるようになった. この時代のコンピュータは, もっぱら単独で使用され, 計算などで利用するためにはコンピュータが設置されている部屋に出向かなければならなかった. しかし, 1950 年代の終わりごろになるとコンピュータと通信技術が結びつき, データ通信システムが開発され，座席予約サービスなどが可能となった．まさにコンピュータネットワークの始まりである．さらにインターネットの項で述べたように1969年になるとアーパネットが開始され，インターネット時代を迎えることとなった．

1970年代に入るとICやマイクロプロセッサの発明，開発があり，コンピュータの小型化，経済化が急速にはかられ，パーソナルコンピュータが出現する．それまでコンピュータは大型であるほど割安であると考えられていたが，1960年代半ばにミニコンピュータが現れ，さらにパーソナルコンピュータの出現によってこのスケールメリットの考え方は全く否定されることになった．その結果，コンピュータの利用方法も全く変わり，分散的利用が主流となった．現在，パーソナルコンピュータは文字，画像，音声を扱い，ネットワークとの接続機能を有することから，マルチメディアの中心的な役割を果たすと期待されている．

d. 移動通信

移動通信の歴史は古く，わが国では1908年にサービスが開始された船舶を対象とした無線電報業務がその始まりといえる．しかし，移動通信が一般大衆のものとして利用されるようになったのは，携帯電話が普及しはじめた1990年代に入ってからである．

わが国の携帯電話は，1979年にサービスを開始した自動車電話に始まる．自動車電話は，自動車に装備した専用の無線機（移動端末）を用いることによって走行中でも電話の送・受信が可能なサービスである．その後，LSI技術や電子部品技術の進歩により移動端末の小型化や経済化が急速に進み，現在では携帯電話として利用されるほうが多くなっている．自動車電話も携帯電話も同じシステムでサービスされている．また，1995年，夏からはPHS(personal handyphone system)サービスが開始され，携帯型の移動端末を用いた電話がブームともいえる爆発的な伸びを示した．

加入者数の推移をみると1979年にサービスを開始した後，5年間で4万加入程度の普及であった．その後，サービスエリアの拡大や移動端末の小型化により便利なサービスとなったこと，さらには1985年の通信の自由化により新規の事業者が参入し，競争による料金の低廉化もあり利用者が急増することになった．移動通信の発展の様子を図1.2に示す．1991年には100万加入を突破し，1993年3月には170万加入まで普及した．1999年7月末には携帯電話とPHSを合わせた利

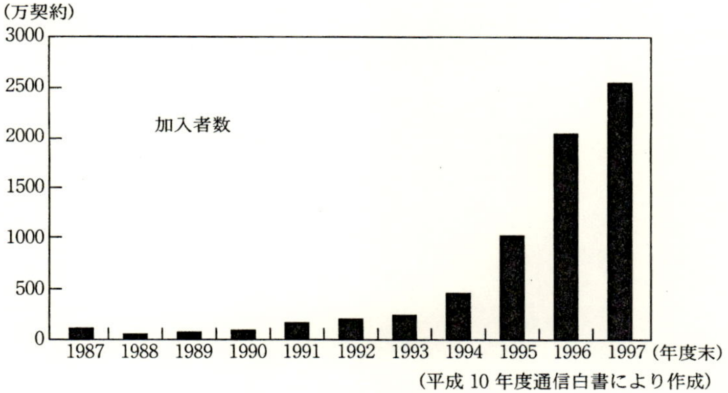

図 1.2 携帯・自動車電話の発展経緯

用者数が5000万を越え，電話線につながった電話加入者数に匹敵する普及状況となった．携帯電話の普及は世界的な動向であり，新しい利用方法の開発もあり，その利用者数は今後，ますます増加するものと考えられている．

インターネットの普及により時間と距離の問題が克服されたが，さらに移動通信の普及は通信に対する場所的制約を取り除き，いつでも，どこからでも，だれとでも通信できるという通信の理想に近づいたといえよう．

演習問題

（1） 情報通信が21世紀のインフラストラクチャになると考えられている．インフラストラクチャとしてのネットワークには何が求められるか．

（2） 情報通信の進歩の要因は“砂とガラスと空気”と言われている．砂，ガラス，空気とはそれぞれ何を意味するか．

（3） 光ファイバケーブルが伝送媒体として優れている性質を4つあげよ．また，光ファイバケーブルの導入が通信システムに与えた影響を述べよ．

2. 伝送メディア

ディジタル伝送ネットワークが果たす役割を明らかにするために，電話およびインターネットを取り上げ，それらが接続される仕組みを明らかにしている．電話については，1997年末にアナログ網からディジタル網へ移行したが，どのような技術によって可能になったのか，また，どのような利点が生まれたかを理解してほしい．インターネットは，発展途上のメディアであり，マルチメディアネットワークとしても考えられている．急激な普及がゆえに利用面でも技術面でも課題があり，研究開発も活発である．インターネットについて学ぶトリガとしてほしい．

2.1 伝送メディアの展開

1999年7月末時点での携帯電話とPHSの利用者は，それぞれ4480万人と571万人であり，合計すると5000万人を超えることになる．通常の電話の加入者数が1998年3月末で5828万おり，移動系の電話と合わせるとわが国には1億以上の電話加入者がいることになる．さらに，1998年度に入るとISDN（integrated services digital network）サービスの新規加入者数が通常電話の新規加入者数を超え，通信ネットワークの利用形態が大きく変わりはじめたといわれている．これらをみても電話の世界は，技術革新により過去，100年間にはみられなかった大きな変化が起こっているということができる．

コンピュータの世界ではLSIやマイクロプロセッサの技術進歩により高性能なパーソナルコンピュータが安く手に入るようになった．このパーソナルコンピュータはインターネットによって世界中と結ばれ，電子メールを交換したり，ホームページにアクセスしてさまざまな情報を世界中から手に入れるために利用されている．さらに，インターネットは，単なる情報交換や収集だけではなくビジネスの世界にも利用されはじめ，これまでの経済活動を根本から変えるかもしれないと考えられるようになってきた．通信形態に着目するとコンピュータと移動通信が融合したモーバイルコンピューティングが普及しはじめ，営業分野の勤務形態や仕事の進め方に大きな影響を与えはじめている．在宅型の勤務形態であるテレコミューティング(telecommuting)は，アメリカにおいて当初，車通勤による大気汚染対策の一つとして考えられていたが，利用方法の工夫や利用技術の開発が進み，生産性の向上策ととらえられるようになってきた．また，通信とコンピュータの利用ということでは，道路交通分野への適用が注目され，ITS(intelligent transport system）に関する研究が1990年代後半から活発化している．

インターネットの本格的普及は1990年代に入ってからであり，その増加のスピードには目を見張るものがある．太平洋を横断する海底光伝送方式のトラヒック量は，1998年に入ると電話とデータで逆転し，データのほうが多くなったと報道された．伝送品質的には，まだ不十分であるがインターネットを使った映像伝送も行われ，さらにインターネットを使った商用電話も始まっている．

このように電話の世界もコンピュータ通信の世界も初期の利用形態から大きな変化がみられ，さらにCATVの動向とも関連して，これらのメディアの先行きに興味が持たれるところである．その動向に大きな影響を与えるのがディジタル技術である．

通信におけるディジタル化の意味は，情報量の圧縮技術（帯域圧縮技術ともいわれる）の適用により原情報の持つ冗長性が取り除かれ，効率的な伝送が可能になることである．この情報処理や通信処理には，マイクロプロセッサや専用の回路が使用されるが，LSI技術，ディジタル信号処理技術の進歩によって高度な処理が容易に行えるようになった．また，ディジタル信号を伝達するということでは，光通信との技術的整合性が非常に高く，安いコストで，かつ高品質で遠くまで伝送することが可能となった．さらに，携帯電話を含む移動通信では効率的な伝送に加え，ディジタル方式は盗聴というような不正利用からの対策もとりやすく，ディジタル化への流れを一気に加速した．CATVも通信と同様，ディジタル化の流れは避けえないものとなっている．衛星を使ったディジタルTVはCATVの脅威ともなっている．通信，コンピュータ，CATVのいかんを問わず，伝達する信号の形式がすべてディジタルということになると，これまでのメディアごとの専用のネットワークは意味をなさないものになる．このような観点からマルチメディアネットワークが注目され，産業としての融合や企業統合が避けて通れないものとなってきている．

以下ではディジタル化が先行する電話とディジタルそのものであるコンピュータのネットワーク概要について述べる．

2.2　電話ネットワーク

a.　電話のつながる仕組み

電話線につながる通常の電話は，携帯電話の普及とともに減少傾向にあるが，5000万を越える加入者がある．これらの加入者は，電話番号をダイヤルすることによって任意の相手を選択し，通信をすることが可能となる．さらに，国内から外国の主要都市には，国内の場合と同様にダイヤルをするだけで通信することができ，全世界的な電話ネットワークが形成されている．これは，電話が100年以上の歴史を有することと，高度な通信技術を開発することによって可能になったことであり，電話ネットワークは人類が作った最大のグローバルシステムといっても過言ではない．

国内の電話がつながる仕組みを図2.1に示す．電話機は加入者線と呼ばれる銅でできた電話線につながっている．電話線は銅で作られた2本の絶縁導体を撚ってできており，撚り線対ケーブルとか平衡対ケーブルと呼ばれる．わが国では，

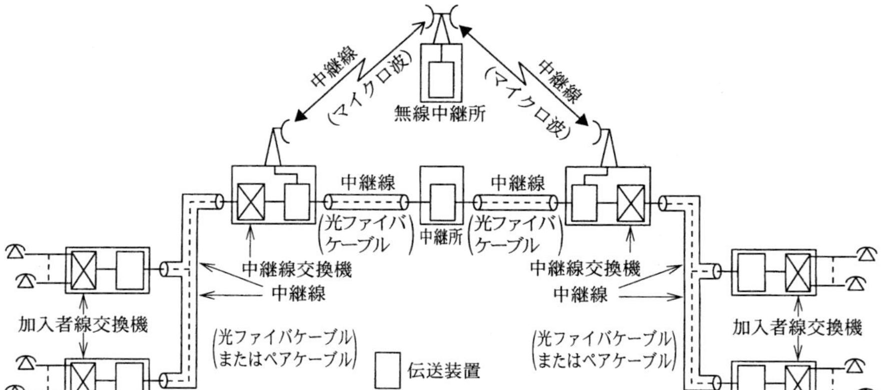

図 2.1　電話のつながる仕組み

NTTによってこの電話線を2010年までに光ファイバに置きかえるという計画があり，都市部からその取りかえが始まっている．電話線の先には，その地域をカバーする加入者線交換機（LS：local switch）が設置されている．交換機はスイッチを閉じて電話機同士をつなぐ機能を有しており，どの電話機もいずれかの加入者線交換機に接続されている．

加入者線と加入者線交換機とで構成されるネットワークが加入者網であり，これまでは0.3kHzから3.4kHzまでの帯域を有する電話に対して最適化がはかられている．加入者線交換機が収容する電話機までの距離は最大7kmであり，平均距離は2.2kmである．距離の長い加入者には，ケーブル径の太いものを使用して伝送損失を基準値内におさめる措置がとられている．しかし，ISDNサービスに代表されるように加入者網の高度利用がはかられるようになり，さらに加入者線の光化のようにネットワーク構成も多様化してきている．その意味で最近では加入者網のことをアクセス網といういい方が使われるようになっている．

電話の接続形態には，市内電話と市外電話と呼ぶ2種類がある．さらに，市内電話には2つの接続形態があり，通信相手が同じ加入者線交換機に収容されている場合と異なる加入者線交換機に接続されている場合とがある．前者の場合には，加入者線交換機が同一であるため，単に相手の加入者線へのスイッチを閉じて通話を可能とする．一方，後者の場合にはいったん，市内中継線と呼ばれる伝送路を通って相手の電話機が収容されている加入者線交換機へつなぎ，その後，相手の加入者線へのスイッチを閉じて通話を可能とする．また，市外電話の場合には，加入者線交換機から市外電話を接続するために設けられた中継線交換機（TS：toll switch）につながれ，そこから目的地の中継線交換機につながれる．これらの中継線交換機を経由して相手方の電話機が収容される加入者線交換機につながり，その加入者線へのスイッチを閉じて接続が完了する．中継線交換機同士を結ぶ伝送路を市外中継線と呼ぶ．市外中継線は，一般に伝送距離が長いこともあり，多重化技術の適用によって経済的な伝送を行っている．伝送方式としては陸上と海底の光伝送方式，マイクロ波ディジタル伝送方式が使用されている．

b. 電話番号

電話をかける場合，まず，ダイヤルないしはプッシュボタンによって通信相手の電話番号を送信する．電話番号は，03-3509-1234のように市外局番-市内局番-加入者番号からなる．市外電話をかけようとする場合，最初に必ず“0”を送るが，これは市外電話であることを交換機に認識させるものであり，市外識別番号ないしは市外プレフィックスと呼ばれる．この“0”を含めて電話番号は10桁以内となっている．加入者番号は1234のように4桁であるので，市外局番と市内局番は5桁以内にする必要があり，各地域の加入者数によって市外局番と市内局番の桁数が決められている．たとえば，東京の市外局番は1桁の3であり，市内局番は3509のように4桁であるのに対し，東京郊外の八王子の市外局番は426のように3桁，市内局番は37のように2桁である．

図2.2に全国の電話番号計画を示す．北から南にいくにしたがって大きい数字が割り当てられている．郵便番号と異なるところである．1桁の市外局番は，東京と大阪だけであり，それぞれ3と6が割り当てられている．1999年1月までは大阪の電話番号は，市外局番-市内局番-加入者番号が06-948-1234のように9桁であったが，2月から東京と同様に06-6948-1234のように10桁に変更された．ま

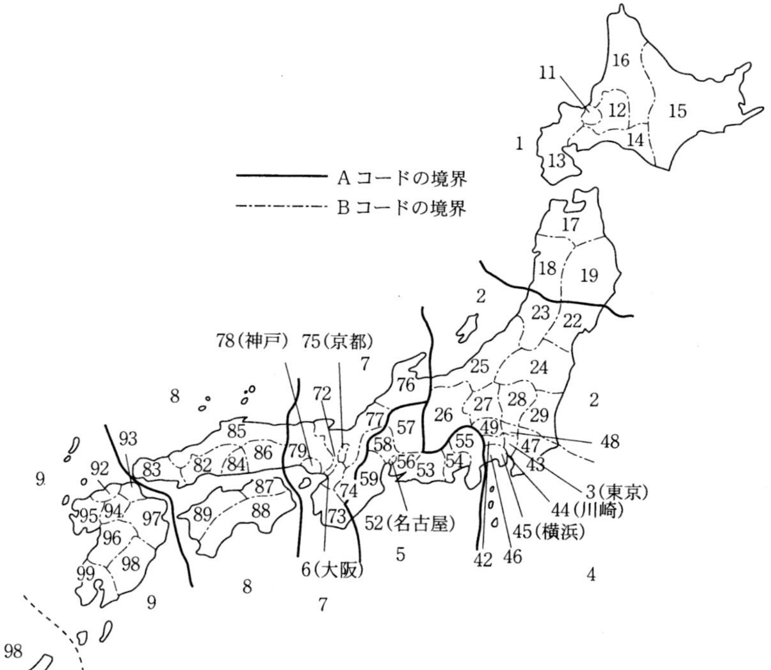

図 2.2　全国電話番号計画

た，東京，大阪を除く主要都市の市外局番は，市外識別番号を除いて札幌が 11，仙台が 22，横浜が 45，名古屋が 52，京都が 75，広島が 82，福岡が 92 というように 2 桁となっている．これらの都市の市内局番は 291 のように 3 桁となっている．

加入者線交換機は，電話番号の局番から相手先の交換機を選び，そこにつながる中継線を選択する．相手の加入者線交換機まで中継線でつながると，加入者線交換機は最後の 4 桁の電話番号から接続すべき加入者線を選択し，電話機のベルを鳴らすための信号を送出して電話をしたい人や端末があることを知らせる．

c. アナログ網からディジタル網へ

市外中継線は，一般には市内中継線よりも伝送距離が長いという特徴を有する．現状では，市外中継線には，陸上の光ファイバ伝送方式，海底光伝送方式，およびマイクロ波ディジタル伝送方式が使用されている．これらの伝送方式の特徴は，1 本の伝送路で多数の情報を伝達することであり，光ファイバケーブルを使用する場合には，1 本の光ファイバで数万から十数万の電話を多重伝送することが可能となった．これによって長距離の伝送コストが非常に下がり，電話網の構造を変える大きな要因となった．また，市外中継線は，ケーブル切断などの故障が起こっても通信を確保できるようにすることが重要であり，多ルート化と呼ばれるが，複数のルートによって目的地に情報を伝達できるような信頼度対策がとられている．

電話網の構造は，交換機のコストと伝送路のコストによって決定される．すなわち，伝送コストが交換機コストと比較して高い場合には，交換機を数多く設置して，伝送路の利用効率を高める方法がとられる．これに対して伝送コストが交換機コストと比較して低い場合には，交換機の数を減らし，伝送路を多く使う方法がとられる．

アナログ通信が中心の時代には，4 階位網と呼ばれるネットワーク構造が採用されてきた．ネットワーク階層構造を図 2.3 に示す．加入区域の中心に電話局を置くが，これを端局（EO：end office）という．EO には加入者線交換機 LS が設置されており，その加入区域の全加入者を収容する．EO の数は全国で約 7200 である．いくつかの EO を束ねる交換局が集中局（TC：toll center）であり，通信量であるトラヒックの多い地域に設置された．TC の数は約 560 である．さらにいくつかの TC を束ねる交換局が設置され，これを中心局（DC：direct center）という．この数は 81 であり，県単位に置かれるが，加入者数の多い県には複数の局

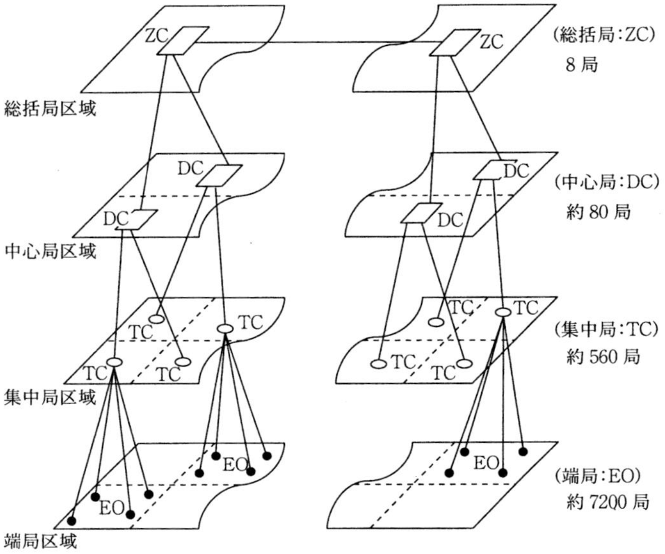

図 2.3　アナログ網の局階位

が設置された．さらに中心局は，全国で8ヵ所（札幌，仙台，東京，名古屋，金沢，大阪，広島，福岡）の総括局（ZC：zone center）に束ねられる．この4階位のネットワークでは，トラヒックが特に多い局同士には直接，伝送路がひかれ，これを斜め回線という．以上の説明でわかるように電話によっては4階位の各階位を経由して接続されることになり，8個の交換機を経由して通信が可能となることも起こる．

1997年12月17日にNTTはネットワークの全ディジタル化のセレモニーを行い，新しい時代の幕開けをアッピールした．ディジタル網は，加入者線交換機から加入者線交換機に至るまでのネットワーク内のすべての処理をディジタル形式で行うものである．新たに構築されたディジタルネットワークの階層構造を図2.4に示す．加入者を収容する電話局をグループユニットセンタ（GC：group unit center）と呼び，全国で約1600置かれている．アナログ網の時代の約7200から比べると大幅に減少している．このGCの上にはゾーンセンタ（ZC：zone center）があり，その数は約100である．一般的な県においては，少なくとも2つのZCがあり，GCは2つのZCに対して50%ずつ負荷をかけるようになっている．これ

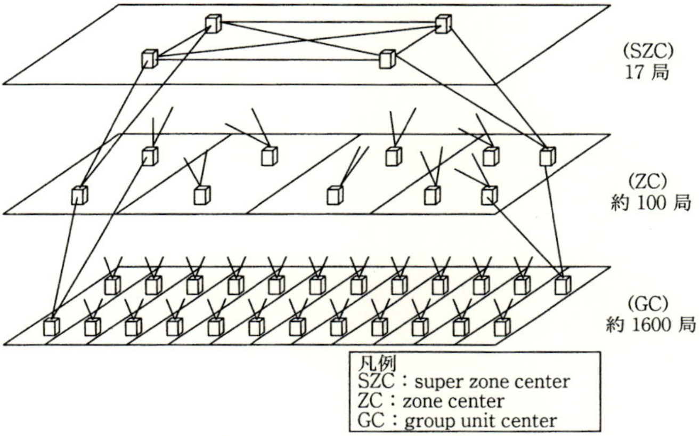

図 2.4 ディジタル網の局階位

を二重帰属といい，ZC のどちらか，ないしはそれらと接続される伝送路に故障が起こっても，片方のネットワークでトラヒックを扱うという信頼度対策になっている．さらに，ZC 間をつなぐ局がスーパゾーンセンタ（SZC: super zone center）であり，17 カ所設置されている．斜め回線を廃止して，すべて上位階悌で中継するように構成されており，ネットワークのシンプル化がはかられている．

このように局階位を減らすネットワークが可能となったのは，先にも述べたように光伝送方式の開発により伝送路の経済化が大幅に達成されたためである．その結果，電話番号を送信した後，相手を呼び出すまでの時間である接続遅延時間が減少（アナログ網では平均 6.4 秒であったものがディジタル網では平均 2 秒と短縮）したり，伝送品質が向上するなどネットワークとしての性能，特性が大幅に向上した．

電話網として今後，注目すべき動向として，加入者線区間へのディジタル伝送方式の導入がある．1988 年 4 月に ISDN がサービスを開始し，電話線を使ったディジタル伝送方式が実用化された．今後，電話線の光ファイバ化が進められる予定であり，経済的で，かつ将来に向けて発展性のある光加入者伝送方式の開発が期待されている．また，アメリカでは銅の電話線を使用してより高速のディジタル伝送を行う ADSL（asymmetric digital subscriber line）の導入が進められている．その背景としてインターネットの伝送効率の向上などがあり，光ファイバ化とともに注目されるところである．

2.3 インターネット

a. インターネットとは

インターネットは，もともと，科学者や研究者が学術情報を交換するためのネットワークとして発展してきたものである．インターネットの基本構成を図2.5に示す．基本となるネットワークは，イーサネットに代表されるLAN(local area network）とそれに接続されるパーソナルコンピュータやワークステーションで構成される．LANは会社のビルや工場，大学の構内といった限られたエリア内で利用されるものであり，セキュリティの確保より通信効率を高めることに重点をおいて考えられている．このLANはルータと呼ばれる装置を介して広域ネットワーク（LANと対比してWAN：wide area networkと呼ばれる）につながれ，全世界的なネットワークの構成要素となる．WANとしては，通信事業者が提供している専用線サービスがおもに利用されており，インターネットは物理的には公衆網など他のネットワークと全く独立に構築されているわけではない．また，専用線の利用料金は政府や企業，学校などが負担している場合が多く，利用者には直接的に料金がみえないため，通信時間や通信量を意識せずに無制限に使用されていることも多い．LANを持たない個人がインターネットを利用する場合に

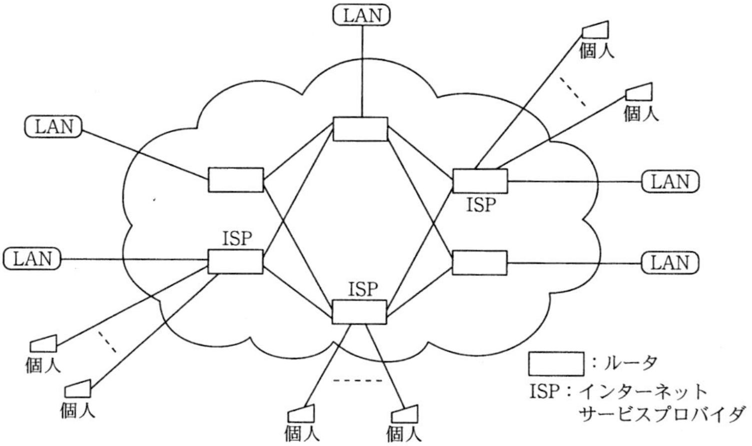

図 2.5　インターネット構成のイメージ

は，コンピュータを電話やISDNを介してインターネットサービスプロバイダ(ISP) に接続し，プロバイダのルータからインターネットへ接続している．

インターネット上の通信は，従来の電話と異なり，パケットによって行われる．すなわち，伝達する情報をパケット（小包）に分割し，それぞれのパケットには宛先と送り主の情報をつけてネットワークに送り出す．ネットワークは受け取ったパケットの宛先情報を調べて相手先へ送り届ける．この役割を果たすのがルータである．したがって，インターネットはLANをルータによって次々に結びつけたネットワークということもできる．ルータは，通信事業者ではなく利用者がそれぞれ管理するものであるため，インターネットのことを草の根ネットワークとかボランティアネットワークとか呼ぶことがある．このようなネットワーク構造であることからセキュリティに課題があることも事実である．

b. 通信プロトコル

通信プロトコルは，ルータやコンピュータが通信を行うための手順を定めたものである．このプロトコルとして，インターネットを利用する上で重要な役割を果たしているものがTCP/IP (transmission control protocol/internet protocol)である．“TCP”と“IP”は手順のなかの代表的なものであるが，インターネットプロトコルの集合体のことをTCP/IPと呼んでいる．このTCP/IPは，世界中で利用されており，デファクトスタンダードとなっている．

TCP/IPプロトコルでは，情報を送信するコンピュータが手順にしたがってデータをIPデータグラムと呼ばれるパケットに変換する．このデータグラムは，転送したいデータと転送に必要な制御信号，すなわち通信の優先度や品質，データグラムが分割されたものであるのか否かの表示，発信元アドレス，送信先アドレスなどからなる．IPデータグラムは，コンピュータが接続されたLANなどのネットワークに送り出され，さらにいくつかのルータを経て転送先のコンピュータに到着する．経由するそれぞれのルータは，IPデータグラム中の送信先アドレスを読み取り，ルータ内に蓄積されたルーティングテーブルと呼ばれる経路情報表に基づいて，次に接続すべきネットワークを選択する．その際，各ネットワークには情報の最大転送単位が設定されているため，ルータは次に送信するネットワークの条件に合うようにデータグラムを分割する処理も行う．最終的に転送先のコンピュータに到着したIPデータグラムは，手順にしたがってもとのデータに復元され，通信を完了する．この通信プロセスにおいて誤りの検出が行われ，誤りありと判定された場合にはデータの再送を要求し，正しい情報が得られるようにしている．この手順がTCPであり，ネットワークの利用に対する信頼性を高める働きをしている．

インターネットによってさまざまなサービスが提供されるようになっており，インターネット電話，インターネットTV，インターネットライブなどといった言葉からも想像できるようにまさにマルチメディアネットワークということもできる．今後とも新しいサービス，利用形態が開発される可能性を秘めており，期待の大きいメディアである．

c. 次世代インターネット

インターネットは会社や学校といった組織のなかで使用するだけではなく，家庭からも利用されるようになり，1990年代に入ってから利用者数が急増した．その結果としてインターネット上に流されるわいせつ情報やプライバシーの問題が起こり，さらに1990年代後半に入ってからはビジネスでの利用も盛んとなり，セキュリティ問題も顕在化するようになってきた．また，インターネットの当初の利用は，もっぱら文字情報に限られていたり，利用者もさほど多くなかったためにネットワークのトラヒック問題は起こっていなかった．しかし，利用者の爆発的増加，さらには情報も静止画像や動画像に加えて音声までが入ってくるようになり，1996年末にはインターネットは爆発するというような物騒な予言が飛び出すなど，利用面からみた使い勝手の悪さも目立つようになったことは否めない．また，インターネットのアドレスは32ビットで構成されており，利用者の急増によって電話番号に相当するアドレスの不足という問題を抱えることとなった．そこで，アドレスを128ビットに増やす検討が行われている．さらに利用者の倫理にかかわる課題に加え，ネットワークの高速化や技術的な課題についてもさらなる発展が行えるような基盤作りが進められている．

インターネットはアメリカで生まれ，学術情報ネットワークとして発展してきた経緯があり，この流れを今後ともアメリカ主導で進めたいという考え方が教育関係者や政府に強く存在している．このような背景から1996年，インターネットの性能向上に向けた2つの計画がアメリカにおいて発表された．それらは，インターネット2（internet 2）と次世代インターネット（NGI：next generation internet）である．前者はアメリカの大学のコミュニティーが開始したものであり，後者はクリントン政権が推進するものである．両者は共通の課題や要素を持っているが独立したものである.

インターネット2では，新しいものを作り出す開発というよりも，現時点で利用できる最高技術の組み合わせにより，より早くネットワークの高速化を実現しようとしている．ニーズにあわせて数メガビットのナショナルバックボーンネットワークを早期に形成するという狙いを持ち，当面のインターネットの持つ課題の重要な解決策と位置づけられる．これに対して次世代インターネットは，100倍の高速伝送ネットワークで少なくとも100の大学，国立研究機関を接続しようという計画である．そのうちのいくつかの拠点は1000倍という超高速のネットワークで結ばれる．これまでのインターネット速度を1.5Mb/sとすれば，100倍から1000倍の伝送速度は150Mb/sないし1.5Gb/sを意味することになる．これにより高品質ビデオ会議などのリアルタイム系映像サービスを取り扱うことが可能になり，新しい商用サービスの開発も期待されている．また，研究ネットワークテストベッドを用いるユーザを増やし，各種の挑戦的研究が推進され，アメリカの科学技術の優位性を確保する期待もある．

演習問題

(1)　ディジタル技術が通信，コンピュータ，CATVというメディアに与える影響について述べよ．

(2)　電話がつながる仕組みを説明せよ．

(3)　電話網がアナログからディジタルとなり，ネットワークの階層構造はどのように変わったか．また，その影響について述べよ．

(4)　TCP/IPについて説明せよ．

(5)　次世代インターネットが考えられる理由を述べよ．

参考文献

1)　NTT研究開発本部監修：NTT通信網を理解していただくために，電気通信協会(1994).

2)　石川　宏：“ディジタル化の歩とその意義”，日比谷同友会会報，No. 141，pp. 1-10 (1998.4).

3)　福永邦雄，泉　正夫，荻原昭夫：コンピュータ通信とネットワーク（第3版），共立出版(1998).

4)　辻井重男，河西宏之，宮内　充：ネットワークの基礎知識，昭晃堂（1997).

5)　宮内　充，河西宏之：“コンピュータネットワーク高速化の動向と展望”，信学技報，IN 98-95，pp. 45-51（1998-10).

3. 符号化と変復調

ネットワークの性質に合うよう情報源に変換を加えることが必要な場合がある．その代表的な技術が，アナログ信号をディジタル信号に変換する符号化技術と信号の占有帯域を変換する変復調技術である．本章では以下の基本技術を学ぶ．

（1） 符号化の基本であるPCMの基本原理．

（2） 電話のPCM符号化技術と，ビットレートを低減化するための高能率符号化技術．映像信号の符号化技術．

（3） ディジタル信号に対する変復調技術．

身の回りでもこれらの技術が使用されており，本書を通してこれらの技術に興味を持ってほしい．

3.1 符号化とは

音声やテレビの映像信号などはすべてアナログ信号である．ディジタルネットワークでアナログ信号を伝送するためには，アナログ信号をディジタル信号に変換する必要がある．アナログ信号をディジタル信号に変換することを符号化（encoding または，coding），ディジタル信号をアナログ信号に戻すことを復号化（decoding）と呼ぶが，符号化と復号化の両者を総称して符号化と呼ぶことも多い．また，これらの処理を行う回路を，それぞれ符号器（coder）と復号器（decoder）というが，符号器と復号器は一体で実現されることが多いので，両者を合成してCODECという用語が作られた．

音声信号をパルスの有無の組み合わせによって伝送する方式が，1937年にA. H. Reevesによって発明された[1]．この方式はPCM（pulse code modulation）と呼ばれ，アナログ信号である音声信号を適当な時間ごとに抽出し，その振幅を一定数のパルスの有無の組み合わせで表現するというものである．このPCMが

表 3.1 各種のシステムで用いられている音声・オーディオ符号化方式

システム	ビットレート	信号帯域	符号化方式	記　事
電　話	64 kb/s	3.4 kHz	PCM，8 ビット非線形量子化 標本化周波数 8 kHz	
ディジタル携帯電話	11.2 kb/s	3.4 kHz	VSELP 標本化周波数 8 kHz	音声 6.7 kb/s 誤り訂正 4.5 kb/s
PHS	32 kb/s	3.4 kHz	ADPCM 標本化周波数 8 kHz	
FM 放送	768 kb/s	15 kHz	準瞬時圧伸 PCM 標本化周波数 32 kHz	2 チャネル
コンパクトディスク	1411.2 kb/s	20 kHz	PCM，16 ビット直線量子化 標本化周波数 44.1 kHz	2 チャネル
MPEG 1 オーディオ	64・192 kb/s	≦20 kHz	帯域分割＋変換符号化 標本化周波数 32, 44.1, 48 kHz	

VSELP : vector sum excited linear prediction
ADPCM : adaptive differential PCM
PHS : personal handyphone system
MPEG : moving picture experts group

音声信号や映像信号などのあらゆるアナログ信号をディジタル信号に変換する基本的な手法である．

ところで，現在は電話や携帯電話のような通信システムだけでなく，CD(compact disk) オーディオやディジタルビデオのように，家庭用機器などの処理もディジタル化されている．このように符号化技術はわれわれの身の回りでも日常的に使われており，一例を表 3.1 に示す．符号化方式としては，できるだけ原情報を忠実に再現することと，ビットレートを低く抑えることが重要であり，各種の高能率符号化が用途に応じて使い分けられている[2)]．

家電機器にまでディジタル化が進んでいることが，現在のマルチメディア進展の基盤となっており，符号化技術はマルチメディア社会の重要な要素技術である．

3.2 音声の符号化

3.2.1 PCM 符号化

a. 基 本 原 理

音声符号化の最も基本的な方式が PCM である．以下では電話信号を例として

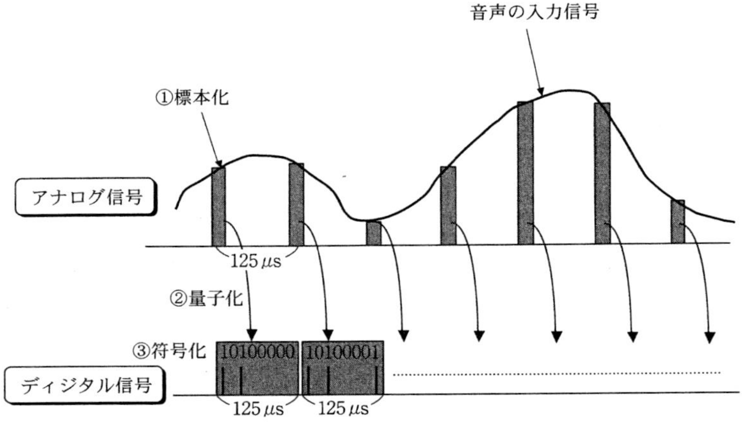

図 3.1　符号化の原理

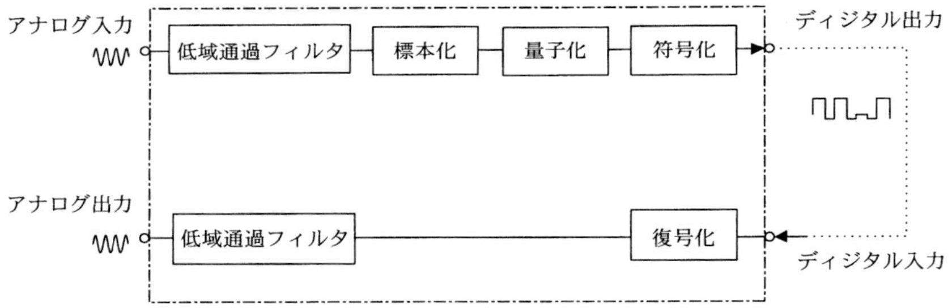

図 3.2　PCM CODEC

PCM 符号化技術（国際電気通信連合 ITU-T で標準化されている音声符号化方式である G.711，G.712）を説明する．

PCM の原理は図 3.1 に示すように標本化，量子化，符号化という 3 段階の処理からなる．まぎらわしいが，これら 3 つの操作を総称して符号化ともいう．PCM 符号器の基本構成は図 3.2 に示すとおりである．

（1）　標本化

アナログ信号は時間軸方向と振幅軸方向ともに連続的な値をとる．このうち時間軸方向を離散値化する操作が標本化（sampling）である．

これは，アナログ信号をある一定の時間間隔ごとに取り出すことで実現できる．この操作は，いわゆる PAM（pulse amplitude modulation）である．標本化を行

う時間間隔 T_s の逆数である標本化周波数 f_s を，アナログ信号の帯域の2倍以上とすれば，標本化された信号からもとのアナログ信号を完全に再現できることが知られている．これを標本化定理という[3]．電話の場合，標本化周波数は8kHz，すなわち標本化の時間間隔は125 μs とされている．

電話機からでる音声信号の周波数成分は，4kHz程度以下が大部分であり，経済性と伝送品質を勘案して，最高周波数を3.4kHzとしている．そこで，図3.2のように標本化を行う前に，低域通過フィルタを用いて3.4kHz以上の信号を除去するが，理想的なフィルタは実現できないので，余裕をみて4kHzの2倍の周波数を標本化周波数としている．

復号器においてPAM信号からもとのアナログ信号を再現するということは，PAM信号の高周波成分を除去してなめらかな信号を得るということであり，理想的な低域通過フィルタを通すことにより実現できる．これを補間ろ波と呼ぶ．

標本化および補間ろ波では，それぞれ理想的な低域通過フィルタが必要である．しかし，現実のシステムで理想的な低域通過フィルタは実現できないために，雑音を生じる．これらの雑音は，折り返し雑音（aliasing noise）および補間雑音と呼ばれるが，実用的には無視できる程度に削減できる．

（2） 量子化

振幅を離散値化する操作が量子化（quantizing）である．量子化は図3.3に示したように，標本化された振幅の値を（0, 1, …, 7）というような有限個の値の組に限定する操作である．同図では時刻0で4，時刻1で6という値に近似されてい

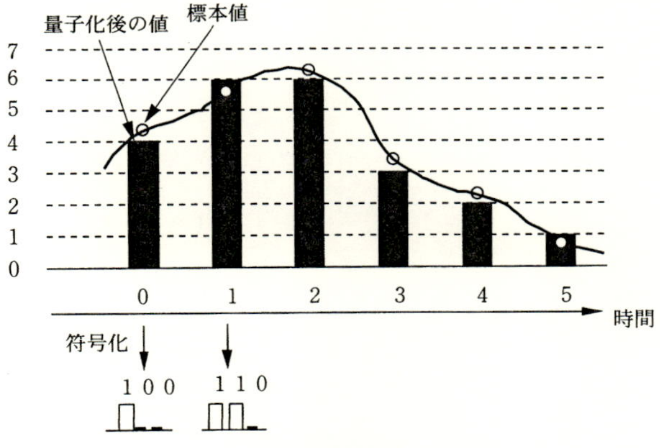

図 3.3 量子化

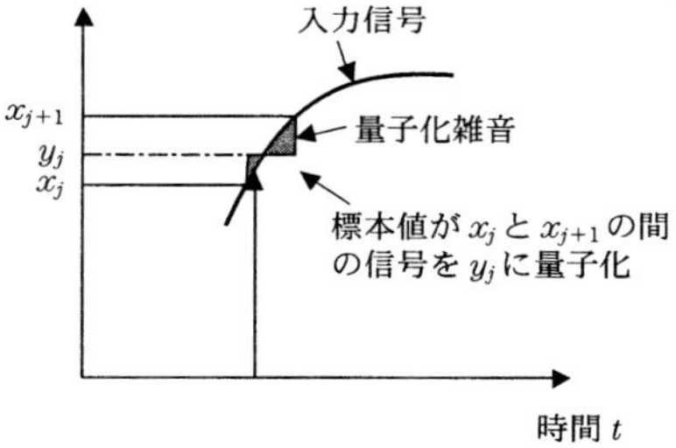

図 3.4　量子化雑音

る．すなわち，標本化されたアナログ値を，有限個の値で近似することである．この例のように，標本化値を等間隔に量子化する方法を線形量子化という．

量子化とは近似を行うことであるので，もとの標本化値と，量子化後の値には差が生ずる．図 3.4 で示す斜線の部分が雑音となり，音声品質を劣化させる．この雑音は量子化雑音（quantizing noise）と呼ばれる．

PCM によりアナログの音声信号をディジタルに変換するとき，音声品質が良いことが望ましい．音声品質を決める支配的な要因がこの量子化雑音である．そこで，符号化方式を評価するときは，信号電力 S と量子化雑音電力 N_q の比である S/N_q が用いられる．正弦波信号に対して線形量子化を行ったとき，最大振幅の正弦波信号に対する量子化ビット数 n と dB で表した S/N_q の間には式 (3.1) の関係がある[4)]．

$$N_q = \frac{\Delta^2}{12}$$

$$\frac{S}{N_q} = 6n + 1.8 \quad \text{(dB)} \tag{3.1}$$

ここで，Δ は量子化ステップ

式 (3.1) より，量子化雑音は入力信号の振幅値とは独立で，量子化ステップで決まることがわかる．量子化ビット数を 1 ビット増やすと，S/N_q は 6 dB 増加し（量子化雑音が減ることを意味する），音声品質が良くなる．

また，入力信号レベルが量子化の最大レベルを超えた場合には，最大量子化レベルの値に限定されるので，もとのアナログ信号がひずむ．これを過負荷雑音（overloading noise）という．

表 3.2 各種の2進符号

量子化レベル	自然2進符号	交番2進符号	折り返し2進符号
0	000	000	011
1	001	001	010
2	010	011	001
3	011	010	000
4	100	110	100
5	101	111	101
6	110	101	110
7	111	100	111

（3） 符号化

量子化後のパルスをそのまま伝送することも考えられるが，いろいろな振幅値のパルスを正確に伝送するためには，伝送するための機器の構成が複雑となる．そこで，量子化された値を，たとえば“0”と“1”の組み合わせで表現する．これを符号化と呼ぶ．最も単純には，量子化した値を2進数で表現することである．2進符号化も，表3.2に示すような自然2進符号，交番2進符号，折り返し2進符号など種々存在する．自然2進符号は量子化値を単純に2進符号に変換する方式である．交番2進符号は隣合う2進符号の1ディジットだけが異なる符号である．折り返し2進符号は2桁目以降が中央で折り返している符号である．1桁目で正負を示すことにすれば，折り返し2進符号は両極性の信号に適しているといえる．

電話PCM方式では，伝送途中で誤りが発生し，“1”が“0”になったり，逆に“0”が“1”になったりする．このような誤りが発生しても，アナログ値に戻したときの影響ができるだけ少なくなるような2進符号が望ましいので，折り返し2進符号が用いられている．電話信号は音量の低いレベル（零付近）が現れる確率が高く，折り返し2進符号ではビット誤りが発生したときも，比較的近い量子化レベルへの誤りになるために，ビット誤りの影響が自然2進符号，交番2進符号よりも少なくできる[5,6]．

b. 非線形符号化

電話PCMの品質を左右する最大の要因は，量子化のときに発生する雑音である．雑音としては，先に説明したように，① 量子化のきざみの粗さに起因する量子化雑音，② 量子化の最大レベルを超えた入力信号に対して発生する過負荷雑音である．

過負荷雑音を減らすためには，広い範囲の入力信号に対応できるように量子化を行う必要がある．量子化ビット数を一定とすると，これは量子化ステップを粗くすることになり，式 (3.1) からわかるように量子化雑音を増大させる．現在の電話 PCM では音声の特徴を利用し，広い範囲の入力信号に対して良好な特性を得ることができる符号化技術が用いられている．

音声は一般的に，低いレベルの信号が発生する確率が高く，逆に高いレベルの信号が発生する確率は低い．そこで，低いレベルを細かく量子化し，高いレベルは粗く量子化することにより，幅広い入力範囲にわたって良好な特性が得られるようにできる．このような符号化を非線形符号化という．これに対して，すべての入力範囲にわたって一様な量子化を行う方式を直線符号化という．

図 3.5 が非線形符号化のときの入力信号レベルと量子化レベルの関係を示している．このような非線形量子化特性のことを圧伸特性と呼ぶ．圧伸特性としては世界的には次式で示されるような 2 種類が用いられており，それぞれ，μ-law(μ則)，A-law（A 則）と呼ばれる[5]．

$$y = \mathrm{sgn}(x)\frac{\ln(\mu|x|+1)}{\ln(\mu+1)} \qquad \mu\text{-law} \tag{3.2}$$

$$\left.\begin{aligned} y &= \mathrm{sgn}(x)\frac{A|x|}{1+\ln A} \quad \left(0 \leq |x| \leq \frac{1}{A}\right) \\ y &= \mathrm{sgn}(x)\frac{1+\ln(A|x|)}{1+\ln A} \quad \left(\frac{1}{A} \leq |x| \leq 1\right) \end{aligned}\right\} \quad \text{A-law}$$

ここで，$\mathrm{sgn}(x)$ は x の極性を示す．

おもに北アメリカと日本では μ-law ($\mu=255$) が，ヨーロッパなどでは A-law ($A=87.6$) が用いられている．圧伸回路は最初ダイオードの電流-電圧特性を利用して実現された．現在では，図 3.6 のように，式 (3.2) で示された曲線を複数の直線で近似して，符号器自体でディジタル的に圧伸特性を実現している．μ-law

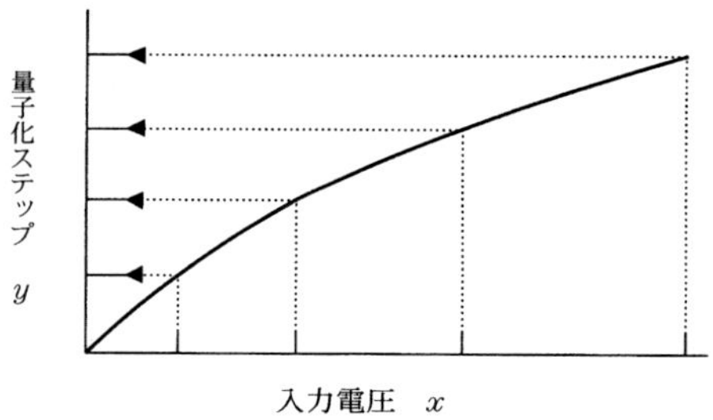

図 3.5　非線形量子化特性

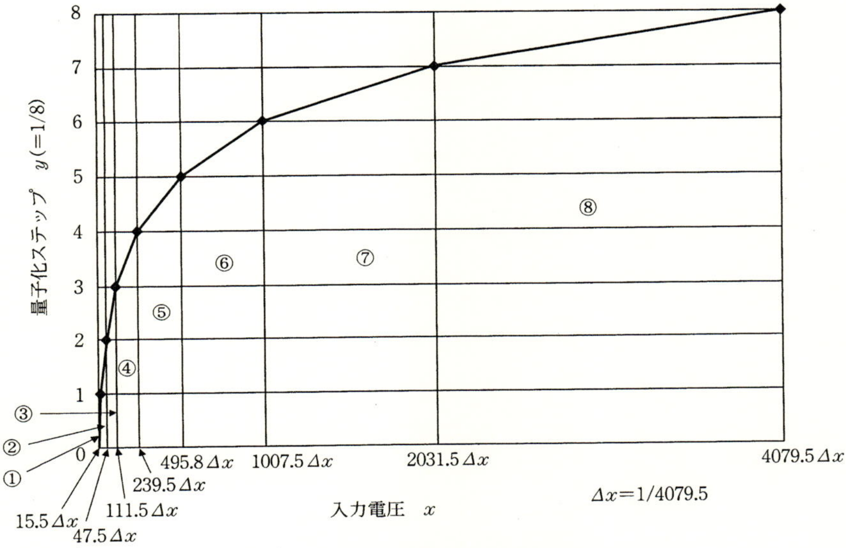

図 3.6 15 折れ線圧伸方式の入出力特性

では 15 折れ線近似, A-law では 13 折れ線近似が用いられている. ①, ②, …, ⑧は折れ線領域であり, 同一領域内の量子化ステップは一様である.

このような非線形符号化に対する量子化雑音 N_q は式 (3.3) で与えられる[4,5].

$$N_q = \frac{\Delta_y{}^2}{12}\int_{-1}^{1}\frac{p(x)}{\{F'(x)\}^2}dx \tag{3.3}$$

ここで, Δ_y : y 軸方向の量子化ステップ

$\Delta_y = 2^{(1-n)}$, n は量子化ビット数

$p(x)$: 入力信号の振幅分布関数

$y = F(x)$: 圧伸特性 (たとえば, 式 (3.2) の対数関数)

入力信号として正弦波を用いた場合は, 正弦波 $x = u\sin\theta$ の振幅分布関数は,

$$p(x) = \frac{1}{\pi\sqrt{u^2 - x^2}} \tag{3.4}$$

であり, $F'(x)$ は図 3.6 の各折れ線の傾きであるので, 折れ線領域内では一定値となる. したがって, 式 (3.3) と (3.4) から容易に量子化雑音を計算できる.

現在電話で用いられている PCM 符号器の S/N_q 特性の例を図 3.7 に示す. 同図は A-law (13 折れ線) と μ-law (15 折れ線) の場合で, 量子化ビット数は 8 ビ

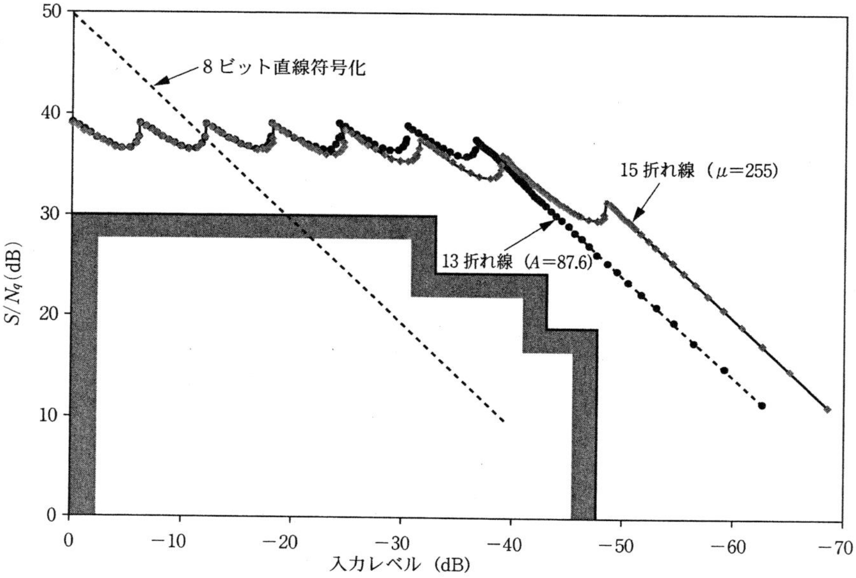

図 3.7　電話信号の PCM 符号化方式の特性

ットで，入力信号として正弦波を用いた場合である．非線形符号器では直線符号器に比べて，広い入力範囲にわたって良好な S/N_q 特性となっていることがわかる．同図で入力が 0 から −40 dB の範囲にわたって，S/N_q は 40 dB 程度である．これは信号に比べ雑音の電力が 1 万分の 1 (10^{-4}) であり，人間の耳では雑音があることをほとんど識別できない値となっている．

ここまで説明したように，電話 PCM では，標本化周波数が 8 kHz で，量子化は 8 ビットで行われている．すなわち，125 μs (=1/8 kHz) ごとに 8 ビットの情報が伝送されるので，電話 1 チャネルの伝送速度は 64 kbit/s (=8 bit/125 μs) となる．ISDN のチャネル速度 64 kbit/s もこれに由来している．

オーディオ符号化のような高品質を要求される場合は，高い周波数成分まで符号化する必要があるので，標本化周波数を高く設定する．たとえば，音楽用 CD では，周波数帯域を 20 kHz とし，標本化周波数が 44.1 kHz の PCM である．量子化は原音をできるだけ忠実に再現できるように，16 ビットとしている[2)]．

3.2.2 音声高能率符号化

伝送コストを安くするために，音声符号化のビットレートを低く抑えることを目指して研究が進められてきた．特に最近の携帯電話のように無線を使う通信では，無線周波数の帯域が限られているので，低ビットレート化の要求が強い[7]．音声符号化は通信だけでなく，CDやゲームソフトなどでも用いられるが，このときはディジタル化された情報はメモリに蓄えられる．メモリ量を節約するためには，符号化ビットレートを低く抑えることが必要である．

音声信号では一部の情報が欠けても，聴覚上あまりさしさわりがないという性質がある．情報に含まれる冗長性を削除してビットレートを低くする符号化を高能率符号化という．高能率符号化の代表的な方式は，音声を波形として符号化する波形符号化の一種であり，予測符号化を用いた適応差分 PCM（ADPCM：adaptive differential PCM）である．ADPCM は，音声の時間ごとの標本値に相関性があることを利用し，過去の値を用いて現在の値を予測し，図 3.8 に示すように予測値と実測値の差分を符号化して伝送する方式である．これは，現在の値そのものよりも，現在の値と予測値の差分のほうが情報量が削減できることを利用した方式である．

このほかに，音声を波形として伝送するのでなく，音声の生成過程をモデル化し，音声の特徴を表すパラメータを伝送し，受信側でパラメータから音声を合成する方法があり，スペクトル符号化といわれる．

近年，波形符号化の高品質性と，スペクトル符号化の低ビットレート性という

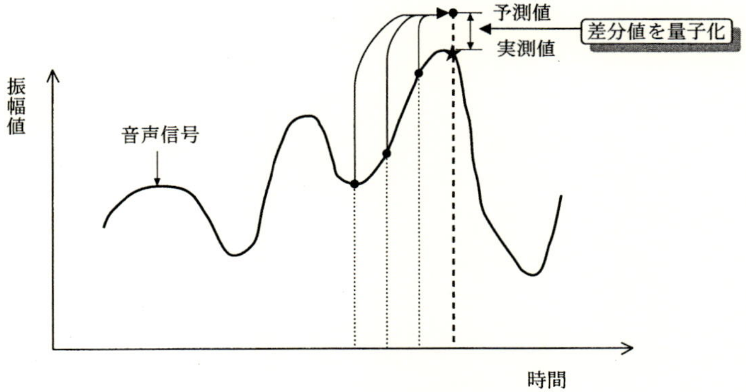

図 3.8 ADPCM の原理

両者の長所を取り入れたハイブリッド符号化方式が開発された．基本となる方式は符号励振線形予測符号化（CELP：code excited linear prediction）であり，これをベースとして，移動通信で用いられている低ビットレートの符号化が開発されている[7]．

3.3 映像の符号化

3.3.1 テレビ信号の基礎

テレビ信号は画面を複数のマス目（画素）に区切り，走査という手法により，画素の状態を順次電気信号に変換したものである．現在の日本やアメリカのテレビ方式（NTSC：national television system committee）では1画面当たりの走査線は525本である．動画像を送るために1秒間に30枚の画面を用いる．この1枚の画面をフレームと呼ぶ．フレーム間隔の逆数を垂直同期周波数 f_F，走査線間隔の逆数を水平同期周波数 f_H といい，NTSCでは，$f_F = 30\,\mathrm{Hz}$, $f_H = 15.75\,\mathrm{kHz}$（$= 30\,\mathrm{Hz} \times 525$）である．

これらの規格は白黒テレビで決められたものである．カラーテレビ方式では3原色を，輝度信号Y（白黒テレビと同一信号）と2つの色差信号I（広帯域色差信号），Q（狭帯域色差信号）に変換して伝送する．

テレビ信号の周波数特性は図3.9に示すように，輝度信号は直流から4.2MHzまで広がっている．I信号，Q信号は輝度信号の隙間に周波数多重される．このとき用いる搬送波を色副搬送波と呼び，この周波数 f_{SC} は約3.58MHzである[8]．

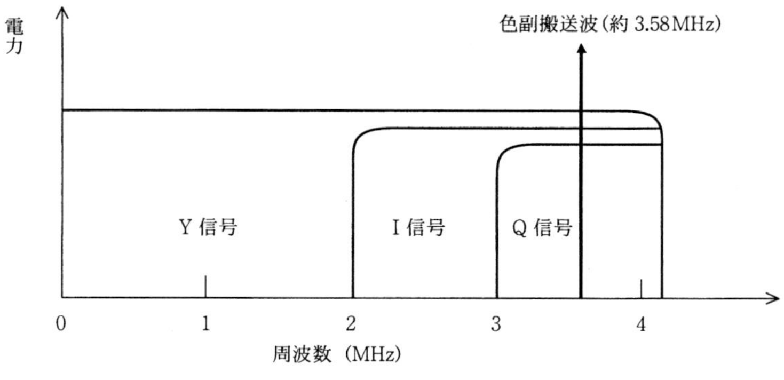

図 3.9　カラーテレビ信号の周波数スペクトラム

3.3.2 テレビ信号のPCM符号化

音声信号は単純な1次元の波形であるが，テレビ信号はフレームと走査という方法により3次元を1次元に変換したり，3種類の信号を多重化しているなど，テレビ信号に特有な性質を有する．テレビ信号をディジタルに変換する基本的な方法は音声で説明したPCMであるが，音声とは異なった処理が必要である．

a. 標本化

テレビ信号の標本化は，走査線に沿って飛び飛びに値を抽出することである．フレーム間での画像処理を考えると，標本化点はフレームごとの同じ点が望ましい．そのために標本化周波数 f_S は，色副搬送波周波数の整数倍に選ばれることが多い．すなわち，

$$f_S = nf_{SC} \tag{3.5}$$

である．

標本化定理より標本化周波数は信号の最高周波数の2倍以上が必要であるので，$n=3$ または4が用いられることが多い．

b. 量子化

テレビ信号の量子化ビット数は，S/N_q および画品質に対する主観評価などにより決まるが，低品質でよい場合には6〜7ビット，放送規格に対しては8ビットが必要である．

電話信号では量子化雑音を減らすために非線形量子化が行われた．テレビ信号でも，統計的には非線形量子化で量子化雑音を減らすことができる．しかし，大きなステップ幅で量子化された部分の画像の粗さが目立つことがあり，実際には線形あるいは線形に近い非線形量子化が行われることが多い．

c. 伝送速度

標本化周波数を $4f_{SC}$ に選ぶと，テレビ信号のビットレートは，

$$4\times3.58(\mathrm{MHz})\times8(\text{ビット})=114.56\,\mathrm{Mbit/s} \tag{3.6}$$

と音声の2000倍近くの伝送速度となる．このため，映像信号を電話ネットワークを用いて伝送すると，非常に高価なものとなる．そこで，ビットレートをできるだけ低くできるように，映像信号に対する高能率符号化が研究されてきた[9]．

3.3.3 テレビ信号の高能率符号化

隣接した画素間は似通った絵柄であることが多いので，隣接画素間の信号は，

近い値をとることが多い．また，ゆっくりした動きの画面では，隣接したフレーム間の画像は似ているので，フレーム間の信号は近い値をとることが多い．そこで，フレーム内あるいはフレーム間の信号の差分を符号化することにより，大幅に情報量を削減することができる．

さらに，人間の視覚特性を利用することにより，情報量を削減することができる．たとえば，動きが激しい動画像では細かい絵柄は見えにくいので，動きが激しい画像の解像度を落としても，画像の劣化を検知しにくいということがある．このように画像と人間の視覚の性質を利用して，信号の予測を行ったり，信号の部分ごとにビットの割り振り方を変えたりして，符号化ビットレートを削減する．このような符号化を音声の項で説明したと同じく高能率符号化と呼ぶ．MPEG 2（moving picture experts group type 2）符号化ではTV信号の符号化ビットレートを数Mb/sにまで削減できる[10]．

3.4 変　復　調

3.4.1 変復調とは

光ファイバケーブルのように非常に広い周波数帯域を持った伝送媒体を常々使えるとは限らず，300 Hzから3.4 kHzという限られた周波数帯域の電話回線を使って，これよりも広い周波数帯域を持ったディジタル信号を伝送したいこともある．また，無線のように決められた周波数帯域を使わなければならないこともある．このような目的のために，伝送に適するように信号に変換を加え，信号の占有帯域を変換する技術を変(復)調技術という．たとえば，家庭で電話回線を用いてインターネット接続を行うときにモデムを用いる．モデムは変復調を表し，modulationとdemodulationを合成した単語である．たとえば33.6 kb/sモデムは，33.6 kb/sのディジタル信号に変換を加え，電話と同じ4 kHzの周波数帯域の信号に変換する機器である．

変調は図3.10のように，伝送したい信号である変調信号と搬送波(carrier)で構成される．変調された伝送信号を被変調信号と呼ぶ．変調信号がアナログ信号の場合をアナログ変調という．搬送波は通常，正弦波か一定周期のパルス列が用いられる．正弦波搬送波を用いる場合は，搬送波の振幅，周波数，位相の一つを変調信号で変化させることにより変調が行われる．それぞれ，振幅変調（AM：

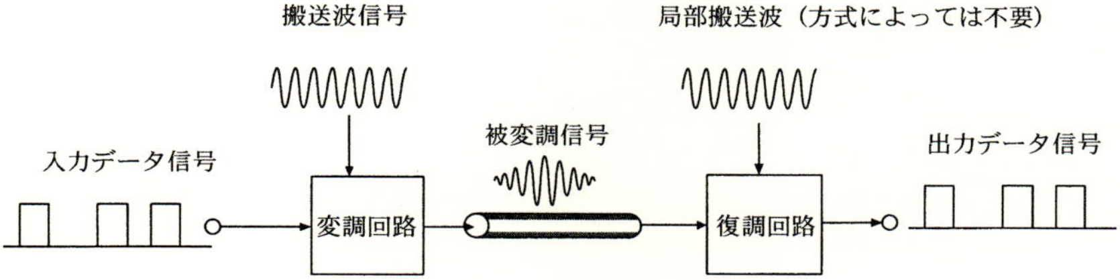

図 3.10 変復調の概要

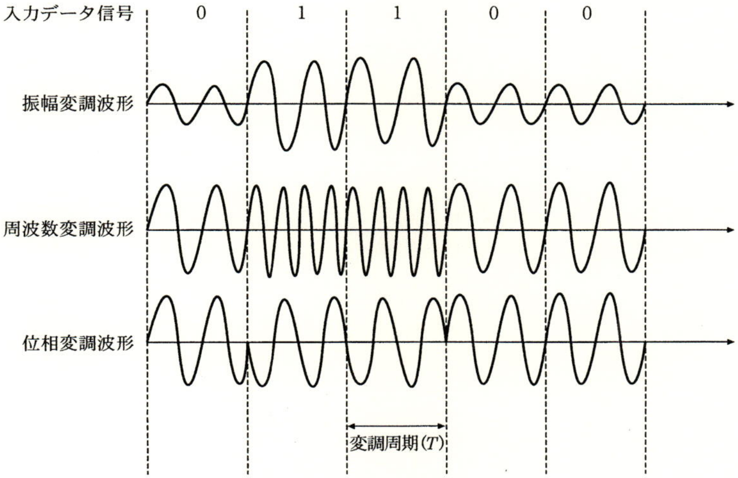

図 3.11 変調の例

amplitude modulation)，周波数変調（FM：frequency modulation)，位相変調(PM：phase modulation)と呼ばれる．アナログ変調の例はラジオ放送の AM 放送，あるいは FM 放送である．

一方，変調信号がディジタル信号の場合をディジタル変調という．ディジタル変調も正弦搬送波 $A_c\cos(\omega_c t+\theta)$ が用いられる．ディジタル変調の場合は，搬送波の振幅 A_c，周波数 ω，位相 θ をディジタル信号で切り替えるという意味で，振幅変調（ASK：amplitude shift keying)，周波数変調（FSK：frequency shift keying)，位相変調(PSK：phase shift keying)という[11]．これらの被変調信号の波形例を図 3.11 に示す．搬送波が切り替わる間隔を変調周期と呼び，変調周期の逆数を変調速度あるいはシンボルレートという．変調速度の単位はボー（Baud)

といわれる．入力データ信号（ベースバンド信号）の速度（ビットレート）と変調速度の関係は，1ビットを1回の変調に対応させた場合は，ビットレートとボーの値は等しい．しかし，後の例で説明するように，複数のビットをまとめて変調するような方式では，ビットレートとボーの値は異なる．

また，振幅と位相の両方を変化させる振幅位相変調(APSK：amplitude-phase shift keying)，およびこの一種である直交振幅変調（QAM：quadrature amplitude modulation）も用いられる．

3.4.2　振幅変調

振幅変調(ASK)は角周波数 ω_C を持つ搬送波の振幅 A_C を，データ信号の"0"，"1"で切り替える方式である．たとえば，データ"0"は $A_C=0$，データ"1"は $A_C=1$ とする．

振幅変調は各種変調方式の基本となる方式である．変復調回路は簡単であるが，伝送路で加わる雑音やレベル変動に弱いという欠点がある．

ベースバンド信号を $s(t)$，搬送波角周波数を ω_C とすると，被変調信号 $e(t)$ は一般的に式(3.7)で表される．

$$e(t)=s(t)\cos(\omega_C t+\theta) \tag{3.7}$$

$s(t)$ は振幅スペクトラム $S(\omega)\exp[j\phi(\omega)]$ を用いてフーリエ積分で表すことができる[12]．

$$s(t)=\frac{1}{\pi}\int_0^\infty S(\omega)\cos[\omega t+\phi(\omega)]d\omega \tag{3.8}$$

したがって，被変調信号は式(3.9)で表される．

$$\begin{aligned}e(t)=&\frac{1}{2\pi}\int_0^\infty S(\omega)\cos[(\omega_C+\omega)t+\theta+\phi(\omega)]d\omega\\&+\frac{1}{2\pi}\int_0^{\omega_C} S(\omega)\cos[(\omega_C-\omega)t+\theta-\phi(\omega)]d\omega\\&+\frac{1}{2\pi}\int_{\omega_C}^\infty S(\omega)\cos[(\omega-\omega_C)t-\theta+\phi(\omega)]d\omega\end{aligned} \tag{3.9}$$

式(3.9)の第一項は図3.12に示すように，ベースバンド信号のスペクトラムが搬送波角周波数の上部に移動した成分であり，上側帯波という．第二項，第三項はベースバンド信号のスペクトラムが搬送波角周波数の下部に移動した成分であり，下側帯波という．第三項は零周波数に関する折り返し成分である．

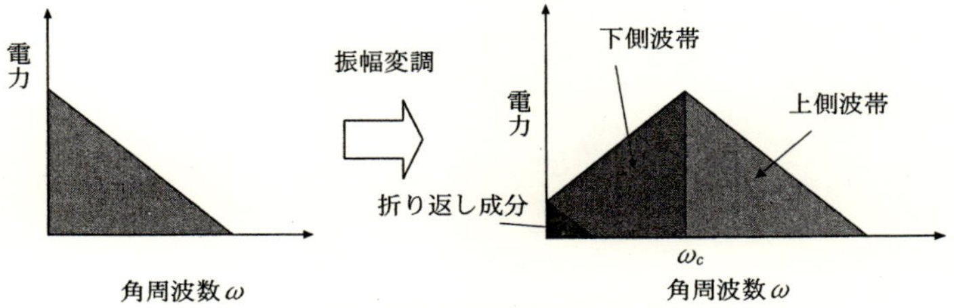

図 3.12 振幅変調による周波数スペクトラム

振幅変調はどの成分を伝送するかにより，両側帯波振幅変調（DSB-AM : double sideband AM），単側帯波振幅変調（SSB-AM : single sideband AM），残留側帯波振幅変調（VSB-AM : vestigal sideband AM）に分類できる．

復調方式としては，同期検波と包絡線検波が代表的である．同期検波は搬送波と同じ角周波数と位相を持った局部搬送波を，受信した被変調信号に乗算し，その出力信号から不要な高周波成分を除去する方式である．包絡線検波は単純に被変調信号を整流とろ波することにより，変調信号を復元する方式である．

3.4.3 周波数変調

周波数変調（FSK）は搬送波の角周波数 ω_C をデータ信号の "0"，"1" で切り替える方式である．たとえば，データ "0" は周波数 f_1，データ "1" は周波数 f_2 というようにする（$\omega_i=2\pi f_i$）．周波数変調は振幅変調に比べ雑音に強く，レベル変動の影響も受けにくいという特徴を持つ．電話回線を用いた低速データ伝送用の変調方式として用いられている．

周波数変調を行ったときの被変調信号の周波数スペクトラムがどうなるかをみてみよう．振幅変調の場合はフーリエ積分により式 (3.9) で表せたが，周波数変調は簡単には求められない．そこで最も単純なモデルとして，データ信号（変調信号）が図 3.13 のように，時間間隔 $T/2$ ごとに "0"，"1" が繰り返される周期

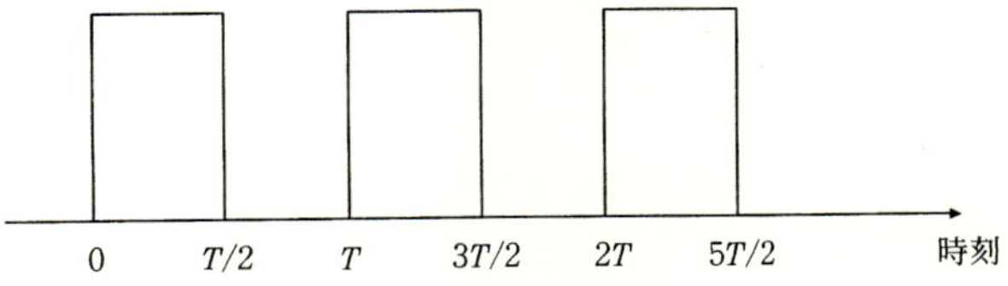

図 3.13 変調信号

的信号の場合を考えよう．このとき，データ信号はフーリエ級数展開ができるので，被変調信号 $e(t)$ は式 (3.10) で与えられる[11]．

$$e(t)=\frac{2Am}{\pi}\left\{\frac{1}{m^2}\sin\frac{m\pi}{2}\cos\omega_C t\right.$$
$$+\frac{1}{m^2-1^2}\cos\frac{m\pi}{2}[\cos(\omega_C-\omega)t-\cos(\omega_C+\omega)t]$$
$$-\frac{1}{m^2-2^2}\sin\frac{m\pi}{2}[\cos(\omega_C-2\omega)t+\cos(\omega_C+2\omega)t]$$
$$\left.-\frac{1}{m^2-3^2}\cos\frac{m\pi}{2}[\cos(\omega_C-3\omega)t-\cos(\omega_C+3\omega)t]+\cdots\right\} \tag{3.10}$$

ここで，ω_1：“0” に対する角周波数

ω_2：“1” に対する角周波数

$\omega_C=(\omega_1+\omega_2)/2$

$\omega=2\pi/T$

$m=T(\omega_1-\omega_2)/4\pi$ で変調指数といわれる．

なお，式 (3.10)は周波数が切り替わるとき，位相が連続な場合を仮定している．このような方式は位相連続 FSK と呼ばれる．

周波数スペクトラムは，変調指数に依存する．図 3.14 に示すように，変調指数が小さい場合はスペクトラムは中心角周波数 ω_C 付近に集中するが，変調指数が大きくなると “0”，“1” に対応する周波数 ω_1，ω_2 の近くに集中するようになる．

データ信号が周期的信号の場合は，被変調信号は離散的なスペクトラムになるが，データ信号 “0”，“1” がランダムに生起する信号の場合は，電力スペクトル密度で表すことができ，連続的なスペクトラムになる．ランダム信号の場合のスペクトラムの概略の性質は，周期的信号の場合と同様である[12]．

復調は振幅変調と同じく同期検波と包絡線検波がある．

3.4.4 位相変調

位相変調（PSK）はデータ信号により正弦搬送波の位相を変化させる方式である．データ信号の n ビットを単位とし，この組の値に応じて位相が割当てられる．必要な位相数 k は $k=2^n$ であり，k 相位相変調と呼ばれる．

位相変調による被変調信号 $e(t)$ は式 (3.11) で表される．

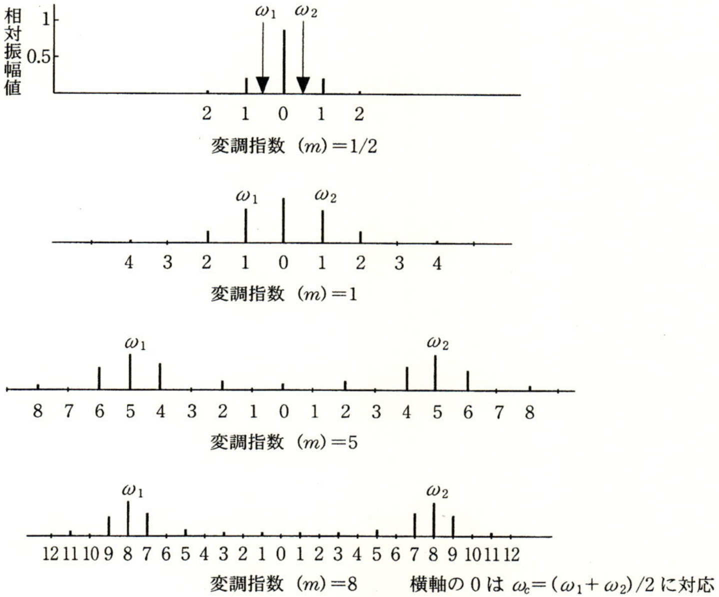

図 3.14 周波数変調のスペクトラム例

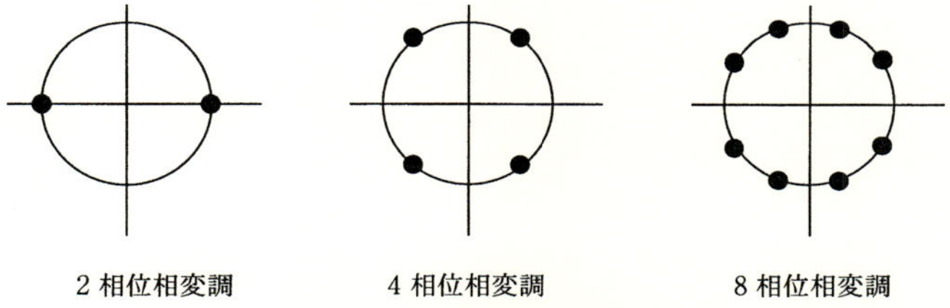

図 3.15 位相変調の信号配置点

$$e(t)=A\cos(\omega_C t+\theta_i) \qquad (i=1, \cdots, k) \tag{3.11}$$

n ビットの組に応じて位相 θ_i が決められる．2 相位相変調（$n=1$），4 相位相変調（$n=2$），8 相位相変調（$n=3$）の例を図 3.15 に示す．この図は位相 θ と振幅 A の極座標表示であり，黒丸が変調の信号点を示している．位相変調はすべての信号点の振幅が等しいので，信号点は同心円上に配置される．復調時の誤りを最小にできるよう，位相配置は通常同心円上に等間隔になるように配置される．隣合った信号点の 2 進符号は差が 1 ビットだけになるように通常配置される．これをグレイ符号という．これは，識別誤りが発生するとすれば隣合った信号点が最も多いと考えられるので，誤りが発生したとき，もとのデータへの影響を最小にするためである．

式 (3.11) を変形すると，

$$e(t)=A\cos\theta_i\cos\omega_c t-A\sin\theta_i\sin\omega_c t \tag{3.12}$$

のようになる．式 (3.12) から，位相変調は直交する 2 つの変調波を振幅変調し，合成した方式と見なすこともできる．しかし，位相変調は振幅変調と異なり，被変調信号の包絡線は一定であるので，レベル変動に強いという特徴を持つ．

4 相位相変調の構成例を図 3.16 に示す．2 ビットごとに直並列変換され，おのおのビット "1" は +1，ビット "0" は −1 の 2 値信号に変換され，A には搬送波 $\cos\omega_c t$ が，B にはこれと位相が $\pi/2$ 異なる $\sin\omega_c t$ が乗算される．したがって，A では "1" は 0°，"0" は 180°，B では "1" は 90°，"0" は 270° の位相になる．これらを加算すると被変調波が得られる．復調は上記の逆の操作で，入力信号を 2 つに分け，おのおのに同期検波を行うことにより，もとの A，B の対が得られる．

k 相位相変調ではベースバンド信号の伝送速度 R_b（ビット/秒）と変調速度 R_s（ボー）は次の関係になる．

$$R_s=\frac{R_b}{n}=\frac{R_b}{\log_2 k} \tag{3.13}$$

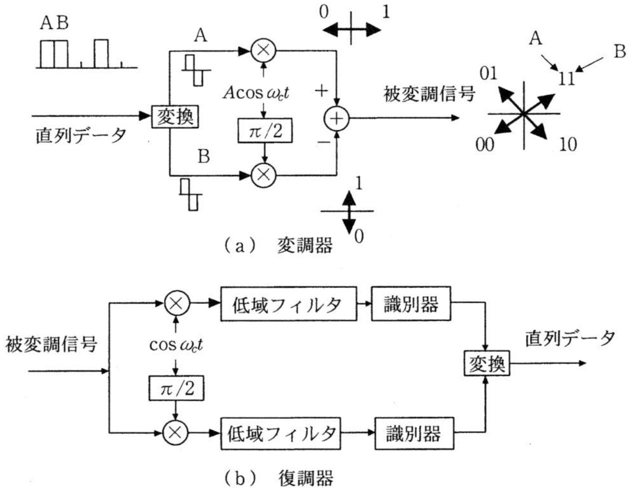

図 3.16　4 相位相変調

被変調信号のスペクトラムは，搬送波角周波数の両側に時間間隔 T_s(T_s は変調周期．$T_s=1/R_s$) のベースバンド信号のスペクトラムが移動したものと見なすことができる．したがって，多相位相変調により T_s を長くできるので，スペクトラムを狭くすることができる．いい換えれば伝送帯域を一定とすれば，多相化するほど高速なデータ信号を伝送できる．

3.4.5 直交振幅変調

高速データ伝送を行うために，振幅や位相という一つのパラメータを変化させるだけでは不十分で，振幅と位相の両方を変調信号で変化させる振幅位相変調 (APSK) が有効な方式である．振幅と位相の両者を変調に利用できるということは，1 回の変調で伝送できるビット数を増大させることができることになる．この方式の中で直交振幅変調（QAM：quadrature amplitude modulation）は，現在高速データ伝送で最もよく用いられている方式である．

直交振幅変調は，データ信号を独立な 2 つの組に分け，おのおのを用いて直交する搬送波の振幅を変調し，加算することにより得られる．具体的な例を図 3.17 に示す．データ信号は 4 ビットを単位とし，これが 2 組に分けられる．おのおのは 2 ビットであるので，4 値信号に変換される．次いで，この 4 値信号に，直交し

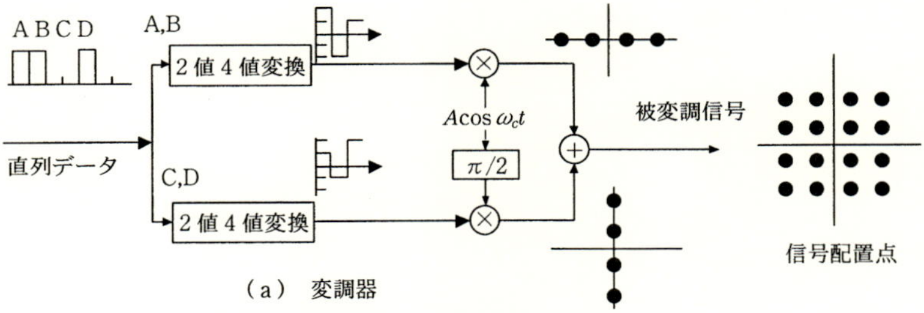

（a） 変調器

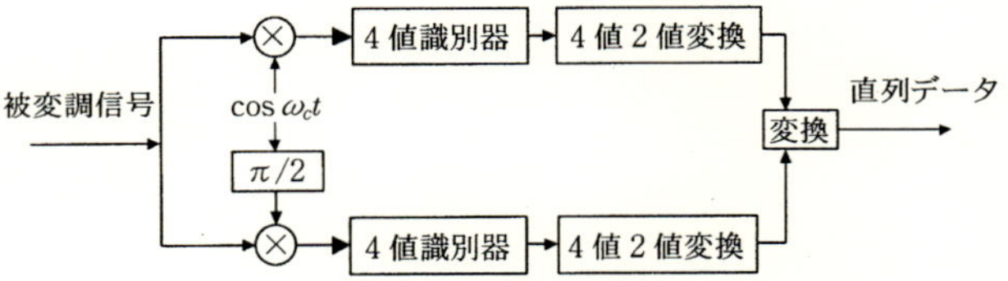

（b） 復調器

図 3.17　16 値直交振幅変調

た搬送波である $\sin\omega_c t$, $\cos\omega_c t$ が乗算される．最後にこれらの信号が加算されることにより，被変調波が得られる．復調側では受信された波形に別々に $\sin\omega_c t$, $\cos\omega_c t$ が乗算され，サンプル値から2値への変換器を通ることにより，もとのデータ信号が得られる．

これは1回の変調で n ビットのデータが伝送できるということであり，$k=2^n$ なる値により，kQAM と呼ばれる．通常，$k=m\times m$ に選ばれる．k 個の振幅対の集合を信号配置点 (signal constellation) といい，図3.17は16QAMの例である．

直交振幅変調は直交する2つの軸のサンプルの値が独立に選べるが，位相変調では直交する軸の値が独立ではなく，図3.15に示すように，信号配置点は同心円上に等間隔に配置される．同じ信号点数を持つ直交振幅変調と位相変調は，同一の信号スペクトル特性を持つ．しかし，符号誤り率特性では直交振幅変調のほうが優れている．これは，直交振幅変調のほうが信号点間の距離が大きいためである．

3.4.6 変調技術の利用例

変調技術の利用例として，アナログ電話回線を用いて，インターネット通信を行うときに用いるモデム技術を紹介する．現在の電話ネットワークは，図3.18に示すように，各家庭から電話局までは1対のメタリック線を用いたアナログ電話線が用いられている．電話局の交換機において，本章で説明したPCM符号器によりアナログ信号をディジタル信号に変換している．PCM符号器の前で3.4kHzの帯域制限が行われるので，アナログ電話回線では3.4kHz以上の周波数スペクトラムを持った信号は伝送できない．

コンピュータの信号はディジタル信号であり，大量の情報を伝送しようとするほど，高速伝送が必要である．このためベースバンド信号のスペクトラムは3.4

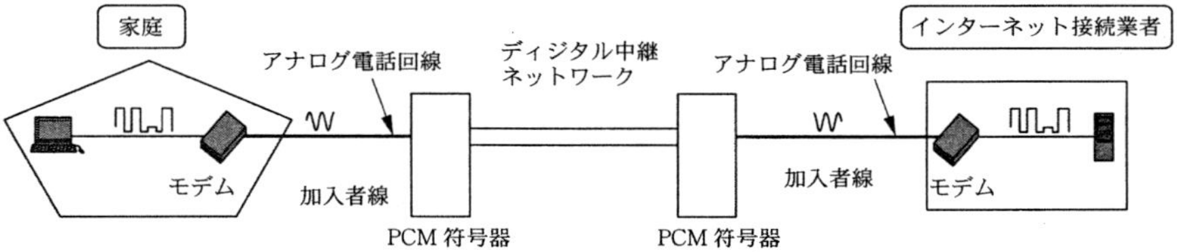

図 3.18　モデムを用いた通信の例

kHz 以上になるので，ベースバンド信号のままでは PCM 符号器で正しくディジタル信号に変換できない．そこで，コンピュータから出力されるディジタル信号に変換を加え，ベースバンド信号の帯域を 3.4 kHz 以下に抑える機器がモデムである．モデムで使用する変調方式は ITU-T で標準化されており，表 3.3 に示すような方式が用いられている．ITU-T の勧告番号がそのままモデムの名称となっている．低速モデムでは周波数変調や位相変調が用いられるが，2400 b/s 以上の高速モデムでは伝送効率が高く誤りに強い直交振幅変調が用いられている．

モデムを構成する要素技術は，ここで説明した変調技術のほかに誤り訂正符号技術，ディジタル伝送技術，等化技術などがある．V.32 の 9.6 kb/s 以上のモデムでは誤り訂正符号としてトレリス符号化（TCM：trellis-coded modulation）が用いられている．このような各種技術が組み合わされて高速モデムが可能となった．また，カード型モデムのように劇的にモデムが小型化された技術的要因としては，ディジタル信号処理技術の利用と，LSI 技術の進歩によるところが大きい．

ところで，アナログ電話回線の帯域は 300 Hz から 3400 Hz であるが，この回線を用いてどれぐらいの速度の信号が伝送できるであろうか．これは Shannon が導いた次の定理により求めることができる[3)]．Shannon の定理によれば，帯域 W (Hz)，その回線の信号電力 S(W) と雑音電力 N(W) の比 S/N のとき，その回線で伝送できる最大信号レート C(b/s) は式 (3.14) で与えられる．

$$C = W \log_2\left(1 + \frac{S}{N}\right) \tag{3.14}$$

表 3.3　電話回線用の各種モデム

ITU-T 勧告番号	データ伝送速度 (kb/s)	変調方式	変調速度 (ボー)	搬送周波数(Hz)
V. 21	0.3	FSK	300	1080 1750
V. 22	1.2	4 相 PSK	600	1200(低速チャネル) 2400(高速チャネル)
V. 22 bis	2.4	16 QAM	600	1200(低速チャネル) 2400(高速チャネル)
V. 32	9.6	32 または 16 QAM	2400	1800
V. 32 bis	14.4	128 QAM	2400	1800
V. 34	28.8/33.6	最大 1664 QAM	最大 3429	最大 1959

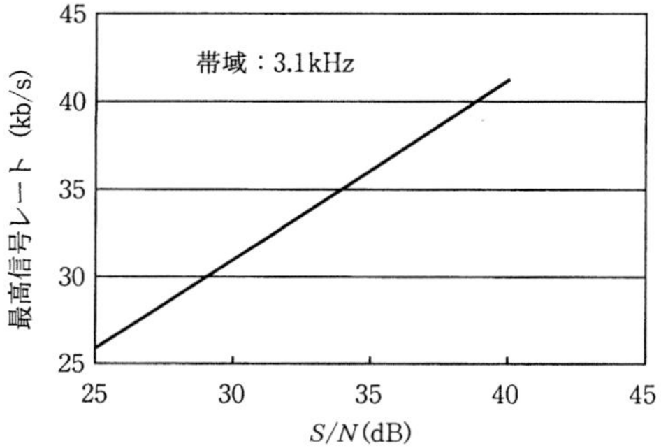

図 3.19　Shannon の定理による S/N と最高信号レートの関係

dB を単位とした信号と雑音の比($10\log_{10}(S/N)$)を横軸として，最大信号レートを求めた結果を図 3.19 に示す．電話回線における雑音の要因としては，アナログ加入者線における雑音と，PCM 符号器での量子化雑音が主である．従来電話回線の信号と雑音の比は 30 dB 程度とされており，理論上の最大信号レートは 30 kb/s 程度である．V.34 モデムの 28.8 kb/s はほぼ理論的な最大値に到達している．V.34 モデムでは 33.6 kb/s も可能であるが，これは電話回線の信号と雑音比が 35 dB 以上の場合に得られる値である．

ここ 20 年間でモデムの高速化が大きく進んだ．この理由としてはモデムの要素技術の進歩によるところが大きいが，このほかにネットワークのディジタル化が進み，図 3.18 を参照すると，日本ではアナログ部分はネットワークの両側の加入者線の部分だけになったために，式 (3.14) の S/N がよくなったこともある．

インターネット接続などでプロバイダ側の加入者線が ISDN 化されている場合には，下り方向（プロバイダからインターネット利用者方向）では 56 kb/s（上りは 33.6 kb/s）が可能な V.90 モデムも実現されている[13]．

演習問題

（1）　アナログ信号をディジタル信号に変換する符号化の 3 要素を列挙し，その原理を説明せよ．

（2）　電話や音楽のようなアナログ信号の符号化において，できるだけ品質を向上させるには，どうすればよいか考察せよ．

（3）　正弦波信号を n ビットで直線符号化するとき，最大振幅を 0 dB とし，$n=7, 8$ に対し，最大振幅との相対振幅値と S/N_q の関係を図示せよ．

（4） 非線形符号化の原理と特徴を説明せよ．

（5） 音声信号の高能率符号化とはいかなるものか説明せよ．さらに，なぜビットレートが削減できるか，その理由を説明せよ．

（6） TV信号のPCM符号化と音声信号のPCM符号化の相違点を説明せよ．

（7） ディジタル変調がなぜ必要か，どのようなところで利用されるか説明せよ．

（8） 各ディジタル変調技術の原理と利害得失を説明せよ．

（9） ピーク電力が等しいとき，$M(=n\times n)$QAMがM相PSKより伝送路符号誤りに強いことを示せ．

（10） PCM回線がnリンク縦続接続されたネットワークを用いてモデムの伝送を行うとする．PCM区間の雑音は量子化雑音のみとし，1リンク当たりのS/Nは40dBとする．また，量子化雑音は各リンクごとに独立とし，伝送帯域は3.1kHzとする．このとき，33.6kb/s以上のデータ伝送が可能なnの最大値を求めよ．

参考文献

1) A. H. Reeves: Systèm des signalizations électriques, フランス特許 No. 852, 183 (1938).

2) 電子情報通信学会編：電子情報通信ハンドブック，p. 240，オーム社（1998）.

3) C. E. Shannon: "A mathematical theory of communication", Bell System Technical Journal, Vol. 27, pp. 379-423, July (1948), Vol. 27, pp. 623-656, October (1948).

4) Bell Laboratories：情報通信システム（山口開生，中込雪男監訳），ラテイス社（1984）.

5) 重井芳治編著：高速PCM，コロナ社（1975）.

6) 山下　孚編著：やさしいディジタル伝送，電気通信協会（1996）.

7) 北脇信彦，三島　発："移動通信用ハーフレート音声CODECの研究開発"，NTT　R&D Vol. 43，No. 4，pp. 355-362（1994）.

8) 吹抜敬彦：画像のディジタル信号処理，日刊工業新聞社（1985）.

9) 吹抜敬彦："帯域圧縮と高能率符号化，挫折から脚光への道のり"，日経エレクトロニクス，No. 664，pp. 233-247（1996）.

10) 安田　浩，渡辺　裕：ディジタル画像圧縮の基礎，日経BPセンター（1996）.

11) W. R. Bennett and J. R. Davey：データ伝送（甘利省吾監訳），ラテイス社（1966）.

12) 武部　幹，田中公男，橋本秀雄：情報伝送工学，オーム社（1997）.

13) P. A. Humblet and M. G. Troulis: "The information drive way", IEEE Commun. Magazine, Vol. 34, No. 12, pp. 64-68 (1996).

4. 多重化と同期

ディジタルネットワークを経済的に構成するための必須技術である多重化について学ぶ.

（1） 非同期多重と同期多重. フレーム構成技術.

（2） SDH の基本.

（3） ATM の基本となるセル多重の諸特性.

現在世界中のネットワークはこれらの技術により構成されている. ネットワークの基本に関する理解を深めてほしい.

4.1 ディジタル信号の多重化

ケーブルや無線のような伝送媒体を有効に使うために, 多くの信号を1つに束ねることを多重化という. コスト的には, 多重化にともなうコストが必要である. また, 多重化数を多くすれば伝送速度が増大し, 伝送する機器のコストは高速になるほど高くなる. しかし, これまでの経験では, 伝送速度すなわち多重化数が2倍になっても, 伝送機器の値段は2倍よりは小さい値であった. さらに, 多重化数にかかわらずケーブルの値段は通常一定である. したがって, 情報量当たりの伝送コストは, 伝送速度が速いほど安くなる. そこで, 通信コストを下げるための多重化数の向上とそれに見合った高速伝送システムの開発がこれまでの伝送技術の歴史そのものである[1].

アナログ伝送では, 各信号の周波数帯域をずらして多重化する周波数分割多重（FDM : frequency division multiplexing）が用いられた. ディジタル伝送では, 図 4.1 に示すように, 多重化する各ディジタル信号のパルス間隔を狭め, すなわち, ビットレートを上げて, 各信号を1つにまとめる時分割多重（TDM : time

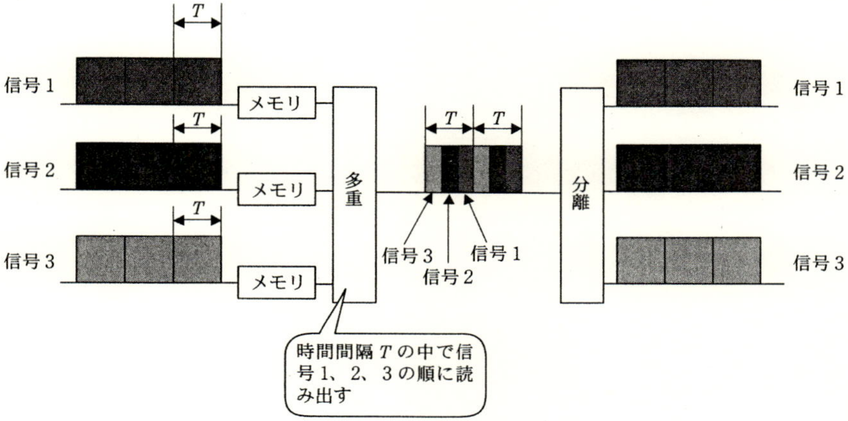

図 4.1 時分割多重化

division multiplexing) が用いられる．時分割多重化を行うためには，多重化される各信号のビット間隔を事前にすべて一致させる必要がある．この操作を同期化 (synchronization) という．

多重化は同期化の方法により，非同期多重化 (asynchronous multiplexing) と同期多重化 (synchronous multiplexing) の 2 方式に分類される．多重化速度は一つ一つのパルスの繰り返し時間（ビット間隔）を決めるものであり，繰り返し時間の基準となる周波数は，図 4.2 に示すように，装置ごとに備えた発振器から供給されたり，ネットワーク内の共通の発振器から一元的に供給されたりする．これをクロック周波数という．非同期多重化は，装置ごとに備えた発振器のクロックにより生成された信号を多重化する方法である．各装置から出力されたディジタル信号のクロック周波数はわずかではあるが異なるので，余剰パルスを挿入あるいは抜去して等価的に多重化される信号のクロック周波数を一致させ多重化する．このような処理をスタッフ (stuffing) という．これに対して，同期多重化は，ネットワーク内の共通の発振器により，全装置のクロック周波数をすべて一致させることにより，ディジタル信号のクロック周波数を信号の生成源から一致させてしまい，多重化する方法である．

多重化速度は多重化コストや伝送の容易さなどと関係した重要なパラメータである．しかし，世界各国が異なった多重化速度を選ぶと，相互接続が困難になったり，国ごとに異なった装置が必要となって，ネットワーク的にも経済的にも損

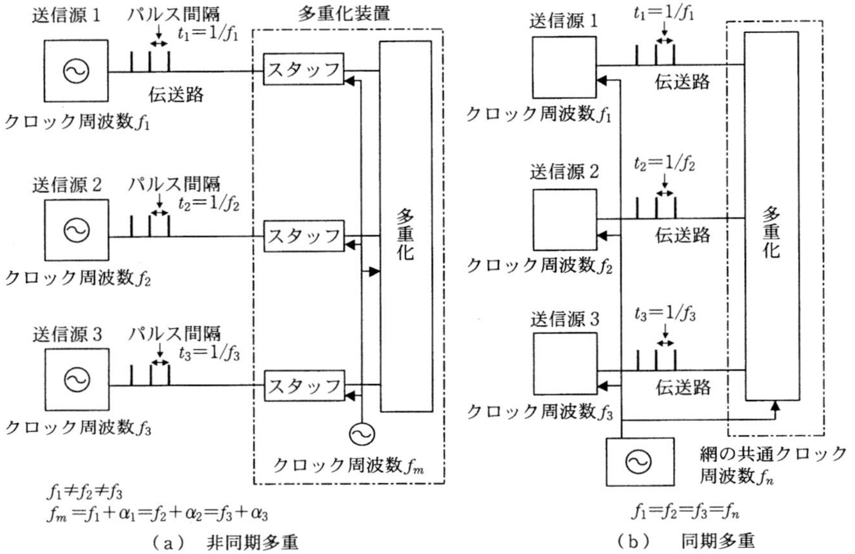

図 4.2　非同期多重と同期多重

失が大きい．そこで，多重化速度の系列をディジタルハイアラーキ（digital hierarchy）といい，ITU-T でディジタルハイアラーキの国際標準を勧告化している．

4.2　ディジタルハイアラーキ

図 4.3 は世界各国でアナログネットワークからディジタルネットワークへの移行過程で用いられたディジタルハイアラーキを示している．おもに非同期多重化が用いられたので，PDH（plesiochronous digital hierarchy）といわれる．多重化速度の下から順次 1 次群，2 次群というように呼ばれる．各多重化速度のディジタル信号がメタリックケーブルや光ファイバケーブルを用いて伝送されている．図の中で各次群間に書かれている“$\times n$”の値 n は多重化する低速信号数を示している．多重化数をいくらにするか，すなわち伝送速度をどのような値にするかは，伝送媒体の伝送能力，保守運用に必要なビットなどいくつかの条件を考えて選ばれている．各国で導入された後に，国際電信電話諮問委員会 CCITT（現 ITU-T）で標準化されたために，北アメリカ，日本，ヨーロッパの 3 方式が並立する結果

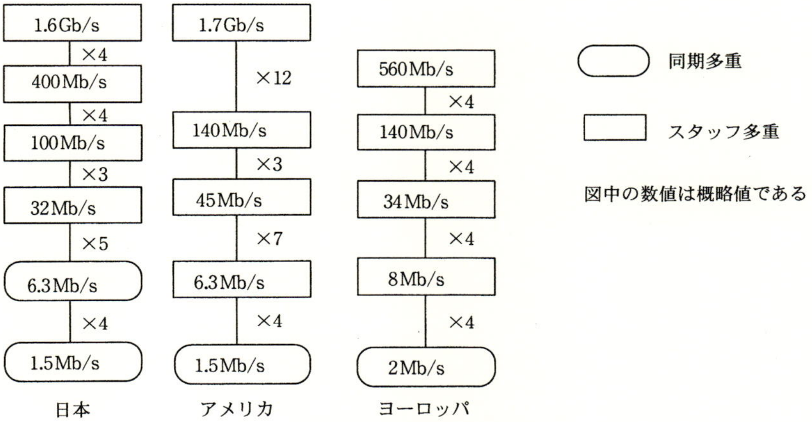

図 4.3　PDH の多重化速度

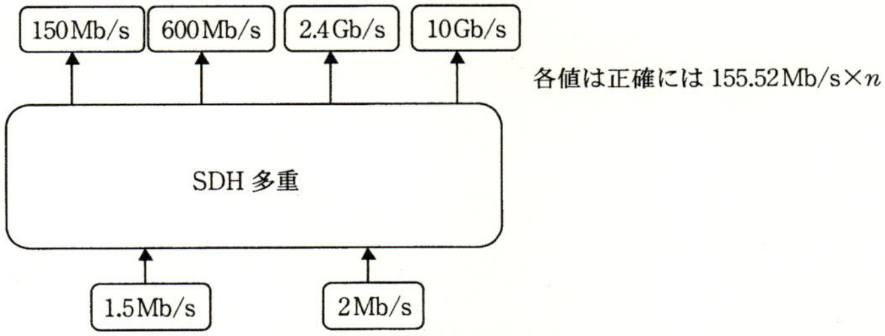

図 4.4　SDH の多重化速度

となった．PDH が導入された当初はすべての次群で非同期多重化であったが，ディジタル交換機の導入により 2 次群までに同期多重化が用いられるようになった．

CCITT で 1986 年頃より広帯域 ISDN（B-ISDN : broadband integrated services digital network）の標準化が議論され，その過程でディジタルハイアラーキの統一の必要性が認識された．その結果成立したものが図 4.4 の SDH（synchronous digital hierarchy）である[2]．多重化技術としては，全面的に同期多重化が用いられており，多重化速度は 155.52 Mb/s×n で，n=1, 4, 16, 64 となっている．現在世界各国のディジタルネットワークは SDH に置き換えられつつある．

4.3 フレーム構成と同期

多重化の概要を4.1節で説明したが，本節で詳細な仕組みを説明しよう．多重化で重要なことは，当然のことであるが受信側で正しく分離できることである．図4.1でTDMの概略図を示したが，実はこの図では受信側で正しく分離できない．図4.1では信号1，2，3に異なった絵柄を付けて区別できるようにしたが，実際のパルス列は“1”と“0”に対応する電気信号が並んだだけであり，どのパルスが信号1であるか識別できない．さらに，この図では周期 T ごとに信号が配列されているが，実際のパルス列では，どのパルスからどのパルスまでが一つの周期であるか知ることはできない．これを解決する方法が，図4.5に示すように各周期 T ごとに目印を入れることである．この目印をフレーム同期信号（framing signal）という．多重化される信号はフレーム同期信号を基準として，決められた規則にしたがって配置される．このような配置をフレーム構成（あるいは，単にフレーム）という．フレーム上には情報信号とフレーム同期信号のほかに，伝送途中での伝送誤りの検出や，伝送路の故障を通知するための警報情報などが配置されるのが普通である．

フレーム構成の例として，日本や北アメリカで用いられているPDH 1次群の場合を図4.6に示す．日本や北アメリカで用いられている1次群は電話信号24チャネルを伝送するよう設計されており，フレーム同期信号は1ビットである．したがって，1フレーム周期（125 μs）は193ビットであるので，ビットレートは1.544 Mb/sとなる．この図は1フレーム周期分を示しており，情報を多重化する部分をタイムスロット（time slot）という．なお，この1次群フレーム構成はISDNの1次群ユーザ網インタフェースや加入者線伝送方式でも使用されている．

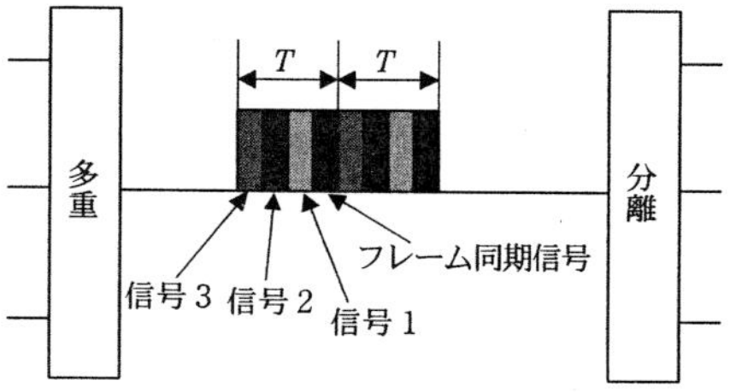

図 4.5　フレーム構成

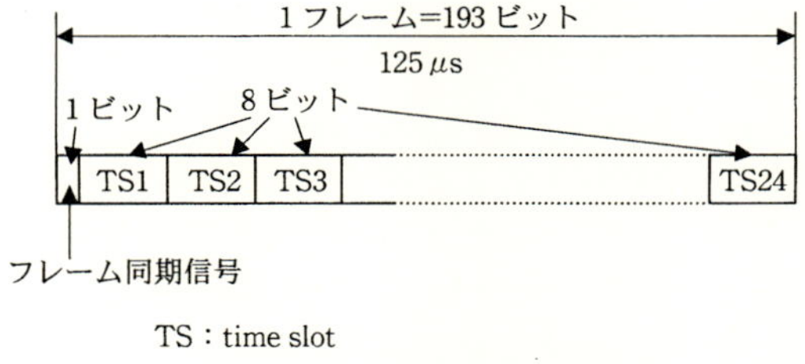

図 4.6　1 次群フレーム構成

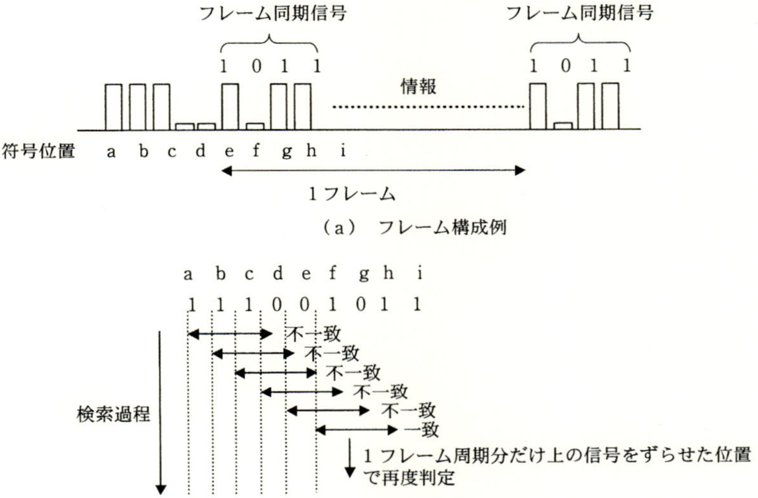

図 4.7　フレーム同期の原理

受信側でもとの低速信号に分離をするときは，まず，一連のビット列においてビット位置を識別しなければならない．これをビット同期 (bit synchronization) と呼ぶ．ついで，フレーム同期信号をみつける．これをフレーム同期(frame synchronization) と呼ぶ．

ビット同期は，受信したディジタル信号のパルス列から，タンク回路を用いてパルス列の間隔に対応したタイミング信号を抽出し，このタイミング信号で，パルス列を再生することで実現される．詳細は 5 章で説明する．

フレーム同期信号は，“1” と “0” を組み合わせたパターンとして構成される．フレーム同期の仕組みを図 4.7 に示す．フレーム同期信号が 4 ビットでそのパターンが “1011” だったとすると，ビット同期後のビット列を 4 ビットごとに検査し，目的のパターンが見出されるまで，1ビットずつ検査ビットをシフトさせる．一致したパターンが見出されたら，次のフレーム同期信号がある位置まで(1フレーム分）受信信号をシフトして，フレーム同期信号との比較を行う．実際には後で述べるように，最初の一致検出後さらに m 回比較を繰り返しすべて正しければ，この位置がフレーム同期信号であると判断する．この方式は1ビット即時シフト方式と呼ばれ，各種通信システムで用いられている[3)]．

多重化された情報自身のなかにも，フレーム同期信号と同じパターンが入っている可能性がある．フレーム同期信号は決められた周期（たとえば125 μs）ごとに配置されているが，一般的には情報のビット列が周期性を持つことはめったになく，また，多重化された各チャネルの相関はなく独立であると考えることができる．したがって，情報のなかに偶然フレーム同期信号と同じパターンがあったとしても，それが，フレーム同期信号と同じ周期で繰り返して現れる確率は低いので，上記の手順でフレーム同期信号を見出すことができる．

フレーム同期信号のビット数を決めるには，最悪フレーム同期復帰時間の平均値 T_R および標準偏差値 σ_R が用いられる．最悪フレーム同期復帰時間は，フレーム同期状態から1ビットだけずれた，フレーム同期復帰に最も時間を要する場合の復帰時間である．これらの値は図4.8の1ビット即時シフト方式のシグナルフローグラフの伝達関数を求めることにより得られる[3)]．ここで，0から N_0 までのノードは正しい同期位置に対する相対位相である．N_0 は1フレームの全ビット数である．p は同期状態でない位相で同期信号と比較した結果，偶然一致と誤って判定する確率，$z=e^{-s\tau_2}$（τ_2：クロック周期）は不一致を検出したとき行う1ビットシフトする時間 τ_2 による遅れの伝達関数，z^{N_0} は誤って一致を検出したときに次の

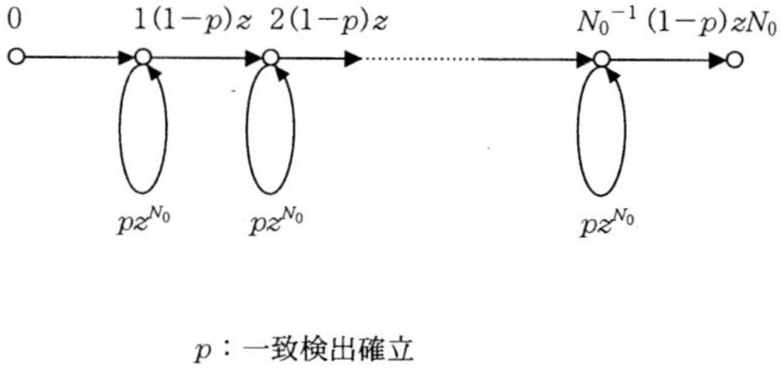

p：一致検出確立
N_0：フレーム内の全ビット数
z：1ビット遅延、$z=e^{-s\tau_2}$（τ_2：クロック周期）

図 4.8　1ビット即時シフト方式のシグナルフローグラフ

フレーム同期信号位置に相当する分シフトする時間 τ_1 による遅れの伝達関数である．

$$T_R=\left(\frac{p}{1-p}\cdot\tau_1+\tau_2\right)(N_0-1) \tag{4.1}$$

$$\sigma_R=\sqrt{p\cdot(N_0-1)}\cdot\frac{\tau_1}{1-p} \tag{4.2}$$

ここで，τ_1：フレーム周期時間

τ_2：1ビット周期（クロック周期時間）

$p=(1/2)^r$（情報列では“1”と“0”の現れる確率は等しいと仮定）

r＝フレーム同期信号のビット数

N_0：1フレーム中の全ビット数

(例) 図4.6に示した1次群フレームのフレーム復帰同期特性を求める．1フレーム周期125 μs 内に193ビットが含まれる．フレーム同期信号はこの内の1ビットである．当然1ビットだけではほかの情報と区別ができない．そこで，24フレームを新たな周期とするフレームを考える(これをマルチフレームと呼ぶ)．するとマルチフレーム内にはフレーム同期信号として24ビット確保できるが，このなかの6ビットをフレーム同期信号として用いる（残りのビットは誤り検出などに利用する)．そこで，$\tau_1=125\times10^{-6}\times24$ 秒，$N_0=193\times24$，$\tau_2=125\times10^{-6}/193$ 秒，$r=6$ を式 (4.1)，(4.2) に代入すると，$T_R=0.224$ 秒，$\sigma_R=0.00259$ 秒となる．

フレーム同期復帰過程でフレーム同期信号でないものを誤ってフレーム同期信号と見なす（誤同期）確率を減らすことと，符号誤りによりフレーム同期信号が誤り，フレーム同期信号を見逃し，再度フレーム同期復帰過程に戻ること（再ハンチング)を避ける必要がある．そこで，1回フレーム同期信号を見出したら，そこから次の周期位置（1フレーム）でフレーム同期信号があるかどうかを調べる．連続して N_B 回一致したときフレーム同期状態と見なす．このような一連の操作を後方保護と呼ぶ．伝送路符号誤り率を ε，フレーム同期信号のビット数を r，1フレームのビット数を N_0 とすると，誤同期確率 ρ_h および，再ハンチング確率 ρ_r は式 (4.3)，(4.4) で与えられる[4]．

$$\rho_h=1-\left\{1-\left(\frac{1}{2}\right)^{rN_B}\right\}^{N_0-1} \tag{4.3}$$

$$\rho_r=1-(1-\varepsilon)^{rN_B}\approx\varepsilon\cdot r\cdot N_B \tag{4.4}$$

後方保護の段数を増やせば誤同期確率は減るが，再ハンチング確率が増加し，

フレーム同期復帰までの時間が長くなる可能性がある．そこで，誤同期確率と再ハンチング確率の許容値 ρ_{hp} と ρ_{rp} を定め，式 (4.5) を満足する最小整数値 N_B を選ぶ．

$$\frac{\log\{1-(1-\rho_{hp})^{1/(N_0-1)}\}}{r\cdot\log\left(\frac{1}{2}\right)}\leq N_B\leq\frac{\rho_{rp}}{r\cdot\varepsilon} \tag{4.5}$$

フレーム同期が確立し正常に通信が行われている状態で，伝送路で発生した符号誤りなどで，偶然フレーム同期信号が誤ること（ミスフレーム）も考えられる．このときフレーム同期が外れたと思い，フレーム探索手順に入ると，次にフレーム同期が確立するまでの間，通信がとぎれることになる．そこで，実際にはフレーム同期が外れていないにもかかわらず，フレーム探索手順に入ることを避ける必要がある．このために受信したフレーム同期信号が誤っていることを検出しても即フレーム探索手順に入らず，N_F 回連続したフレーム同期位置で誤ったことを検出したときに，はじめてフレーム同期外れと判定して，フレーム検索手順に移るようにする．これを前方保護と呼ぶ．ミスフレームの発生する平均間隔時間を T_m とすると，前方保護段数 N_F は式 (4.6) で与えられる．

$$N_F\geq\frac{\log\left\{(1+\varepsilon\cdot r)\frac{\tau_1}{T_m}\right\}}{\log(\varepsilon\cdot r)} \tag{4.6}$$

システムで必要とされる T_m を与え，式 (4.6) を満足する最小整数値 N_F を選ぶ．

4.4　非同期多重化

クロック周波数がわずかに異なる信号に対して，余剰パルスの挿入あるいは抜き取りを行い，多重化後の高次群信号のクロック周波数に同期化させ多重化する方法を非同期多重化という．このような操作をスタッフ（stuffing あるいは justification）と呼び，非同期多重のことをスタッフ多重ということもある．送信側で余剰パルスを挿入する方法を正スタッフ（positive justification），あらかじめ低次群信号に余剰パルスを挿入しておき，送信側で余剰パルスを抜き取る方法を負スタッフ（negative justification）と呼ぶ．また，正スタッフと負スタッフの両方を状況に応じて使い分ける正負スタッフも用いられている．

正スタッフの場合で非同期多重化を説明しよう．図 4.2 でみたように，多重化される各ディジタル信号の周波数（低次群クロック周波数）f_{Lj} が異なるので，これらを統一的なクロック周波数（高次群クロック周波数）f_H に一致させる必要がある．高次群クロック周波数は低次群クロック周波数より高い値に設定されている．図 4.9 に示すように，クロック周波数 f_{Lj} のディジタル信号列をいったんメモリに蓄え，これをクロック周波数 f_H で読み出す．低次群クロック周波数と高次群クロック周波数がわずかに異なるために，低速次群信号のパルス位置は，高速次群の基準パルス位置とわずかずつずれが生じる．このずれの大きさ（位相差）がしきい値以上のときにスタッフパルスを挿入する．これにより，低次群のクロック周波数を高くし，高次群のクロック周波数と一致させることができる．しかし，送信側で任意の位置でパルス挿入を行うと，受信側で挿入パルスが識別ができないので，フレーム上でパルス挿入を行う位置はあらかじめ決められている．送信側では，パルス挿入可能位置で，パルス挿入を行ったか否かを識別する符号を挿入し，受信側に知らせる．

受信側では，フレーム同期を行うことにより，各低次群信号を識別した後分離する．次に各低次群信号ごとにパルス挿入可能位置でパルス挿入が行われている場合は，スタッフパルスを取り除くというデスタッフを行う．デスタッフされた信号は不均一間隔であるので，PLL（phase locked loop）により平滑化したクロックを再生することにより，もとの周波数 f_{Li} が得られる[4)]．

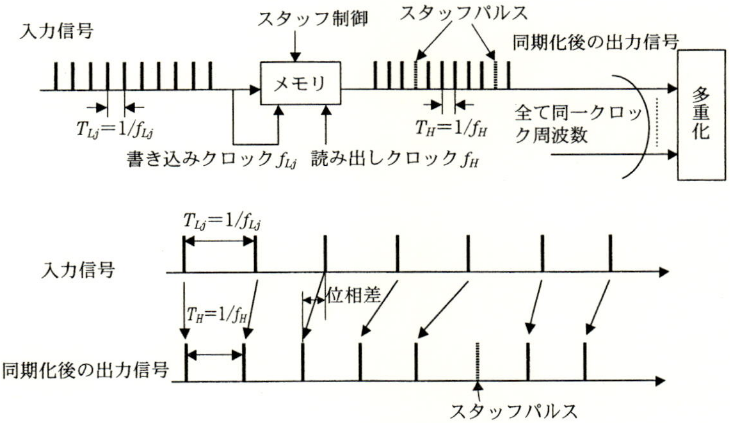

図 4.9 スタッフによる非同期多重

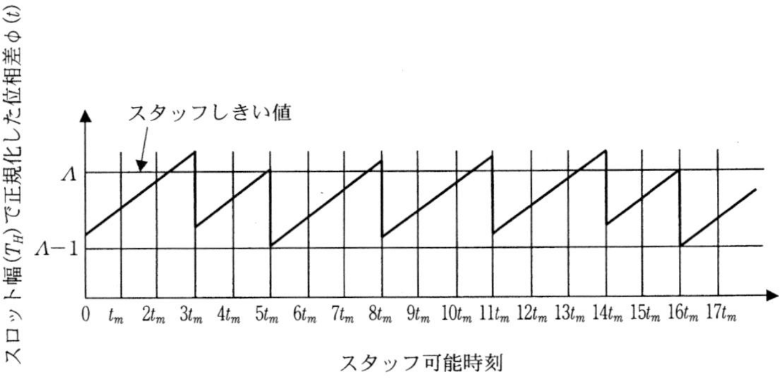

図 4.10　待合せジッタ

送信側でパルス挿入を行うとき，パルス挿入位置が決められているために，図4.10のように低次群信号と高次群信号の位相差 $\phi(t)$ は周期的とならない．このために，PLLで再生されたクロック信号にはジッタといわれる揺らぎが残る．スタッフ処理の過程で発生するジッタを待合せ時間ジッタ（waiting time jitter）という．待合せ時間ジッタ量は，次式で定義されるスタッフ率 ρ に大きく依存するので，ジッタ量を小さくできるようなスタッフ率を選ぶ必要がある[4)]．

$$\rho=\frac{|f_{Lj}-f_F|}{f_m} \tag{4.7}$$

ここで，f_m：スタッフ可能位置の繰り返し周波数で，図4.10の t_m の逆数

4.5 同期多重化

ネットワーク内のすべてのクロック周波数を一致させて（4.9節参照），多重化する方法を同期多重化と呼ぶ．

同期多重化は信号の生成源ですべての信号のクロック周波数が一致しているので，非同期多重化のように多重化の前でクロック周波数を一致させる操作が不要である．しかし，実際には信号源から多重化装置まで伝送される間に，低周波のジッタ（ワンダともいう）が発生し，各パルス位置がわずかに変動することがある．これはケーブル，たとえば光ファイバ，の周囲温度が変化し，光ファイバがわずかに伸縮することにより，季節あるいは昼夜によりパルスの間隔が変化するためである．そこで，多重化の前にバッファメモリを置き，この変動を吸収しパ

ルス間隔を正確に一定にする．その後，各信号を速度変換用のメモリに蓄え，高速側のクロック周波数で，低速側信号を順次読み出せば多重化できる．

多重化を行うとき低次群信号のフレーム同期信号をどのように処理するかで2通りの方法がある．第1の方法は図4.11(a)のように，多重化するときにすべての低次群信号のフレームの先頭位置を高次群信号のフレームの先頭位置にそろえ，低次群信号のフレーム同期信号は削除して多重化する方法である．この方法は分離時には高次群信号のフレーム先頭位置により，各低次群信号のフレーム先頭位置を決め，低次群信号にフレーム同期信号を挿入する．この方法を位相同期多重化という．位相同期多重化は付加ビットが不要であるので，多重化信号のビットレートを低くすることができるが，最大1フレーム分の遅延が発生する．この方法はPDHの同期2次群で使用された．

第2の方法は図4.11(b)のように，位相同期は行わないで高次群信号のフレーム上に各低次群信号のフレーム位相情報を持たせる方法である．多重化された後も低次群信号はフレーム同期信号をそのまま保持しているので，分離時に低次群信号にフレーム同期信号を再生するという処理は不要である．この方法は遅延時間が非常に小さいという特徴があり，SDHの多重化で用いられている．

同期多重化は非同期多重化と異なり，125 μs 周期のフレーム構造を持ち，低次

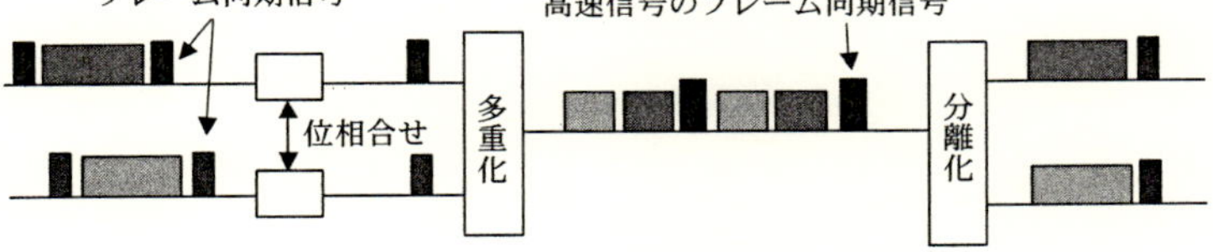

（a）位相同期多重化

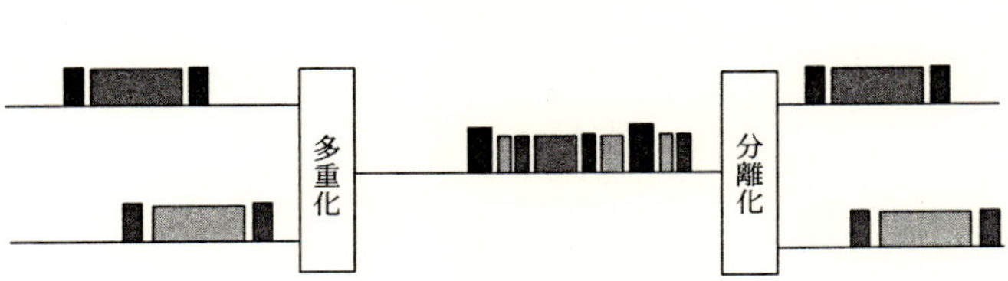

（b）低速側の位相非同期な多重化法

図 4.11 同期多重化におけるフレーム位相の処理法

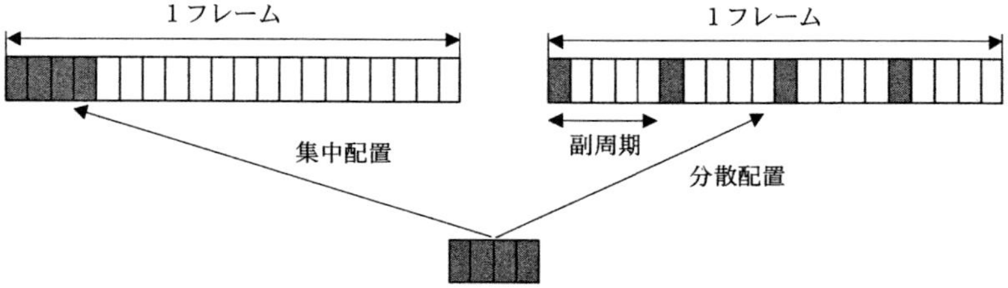

図 4.12　集中配置と分散配置

表 4.1　集中配置と分散配置の比較

配置法	クロスコネクトメモリ量	コロスコネクト遅延時間
分散配置	1/n	1/n
集中配置	1	1

群信号をバイト単位で多重化し，多重化フレーム上で直接チャネルを識別できることが特徴である．この特徴を利用し，9章で説明するような，多重化した信号のなかの複数のチャネル束を伝送路間で入れ換えする，ディジタルクロスコネクトシステム（digital cross-connect system）が開発された．このとき同期フレームの構成法により，クロスコネクトシステムに必要なメモリ量および，遅延時間が異なる．1つのチャネル束が n チャネルで構成されたとする．同期フレーム構成法としては，図 4.12 のように，n チャネルを1カ所に集中して配置する集中配置法と，n チャネルをフレームの1周期の中に等間隔に配置する分散配置法とがある．n チャネル束をクロスコネクトするとき集中配置法では1フレーム分の情報をメモリに蓄えてから入れ換えを行う．これに対して，分散配置法では副周期分の情報を蓄えるだけでよい．そこで，両者を比較すると，表 4.1 のようにメモリ量，遅延時間で分散配置が優れている[5]．

4.6 節で説明する SDH のフレーム構成は 1.5 Mb/s と 2 Mb/s 両者を効率よく多重化できる分散配置法となっている．

4.6　SDH 多重化

SDH は 155.52 Mb/s を基本速度として，同期多重により STM-N（synchronous transport module-N：現在 ITU-T 勧告があるのは，N=1, 4, 16, 64 で伝送速度は 155.52 Mb/s×N）の多重化信号を得るディジタルハイアラーキである．

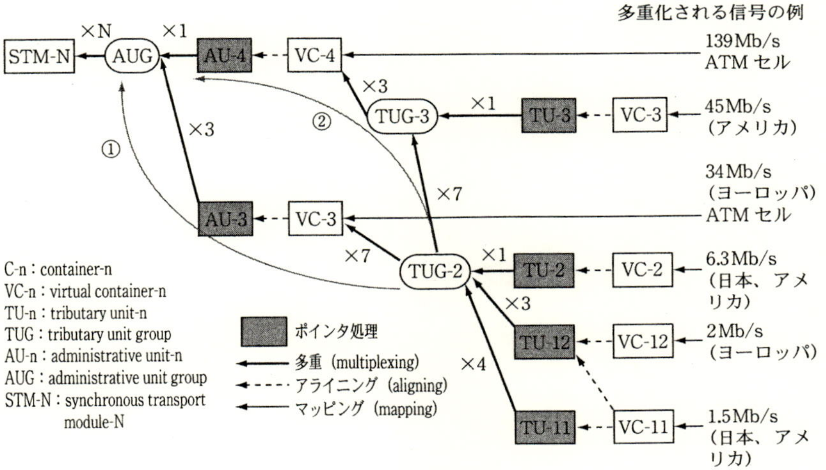

図 4.13 SDH 多重化構成

SDHはすでに大量に導入されているPDH信号や，ATMセルなど各種の信号が多重化できるよう，図4.13のような多重化構造を持つ[6]．各種信号は最初バーチャルコンテナ（VC：virtual container）という仮想の器に入れられる（マッピング）．そして4.5節で説明した位相非同期の多重化でSTM-N信号が得られる．このためにポインタ(pointer)で低速側信号の先頭位置を指定する(アライニング)．VC-1,2からSTM-Nへの多重化経路は①，②のどちらを用いてもよい．なお，アメリカではSDHのことをSONET（synchronous optical network）と呼ぶ．

4.6.1 SDHのフレーム構成

SDHのフレーム構成は図4.14(a)に示すように，1周期(125μs)が9行×270バイトの長方形をしている．フレーム構成として通常記述するビットが直列に並んだ書き方をすると，図4.14(b)のように表され，270バイトの副周期を持つ構造である．これを書き直すと図4.14(a)のような長方形になる．これは，4.5節で説明した分散配置にほかならない．このフレームの特徴は，1.5Mb/s系の信号と2Mb/s系の信号両者を同等の効率で多重化できることである．クロスコネクトを行うときの構成を簡単にするためには，図4.14(a)のフレーム上に信号は長方形で配置される必要があるので，図4.15に示すように，1.5Mb/sは193ビット(24

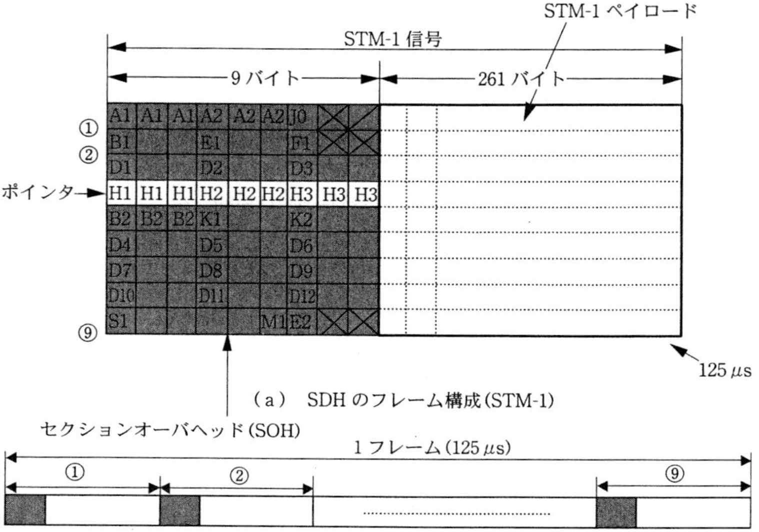

(a) SDH のフレーム構成(STM-1)

(b) (a)のフレームを直列に書き直した構成

図 4.14 SDH フレーム構成

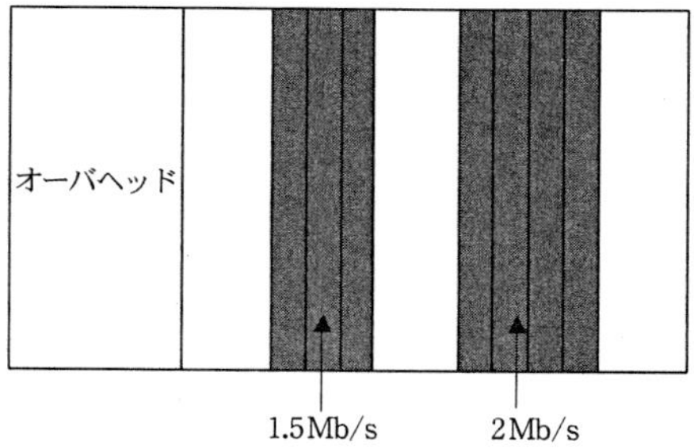

図 4.15 1.5Mb/s と 2Mb/s の多重化法

バイト＋1 ビット）で 27 バイトを使用（効率 89.3%）し，2Mb/s は 32 バイトで 36 バイトを使用(効率 88.9%)して配置できる．9 行という値はこのように，1.5 Mb/s 系と 2Mb/s 系の両者が対等になるように選択された数値である．これにより，PDH のときに世界で 3 系列が用いられたのとは異なり，世界中で用いられる世界統一のハイアラーキとなった．

9 行×270 バイトのフレームを STM-1 と呼び，ビットレートは 155.52Mb/s

表 4.2　セクションオーバヘッドとポインタ

オーバヘッド		機　　能
セクションオーバヘッド (SOH)	A 1, A 2	フレーム同期信号
	J 0	セクション送信点の識別番号
	B 1	中継器間伝送路の誤り監視
	E 1	音声打合せ回線チャネル
	F 1	保守用チャネル
	D 1, D 2, D 3	保守用データ伝送チャネル
	B 2	伝送路の誤り監視
	K 1, K 2	・伝送路自動切替制御信号伝送チャネル ・警報転送
	D 4-D 12	保守用データ伝送チャネル
	S 1	同期品質レベル伝送用チャネル
	M 1	伝送路誤り個数転送
	E 2	音声打合せ回線チャネル
ポインタ	H 1, H 2	POH の先頭表示
	H 3	スタッフバイト

である．さらに高速の信号は STM-1 を N 個バイト多重することにより得られ，STM-N と呼ばれる．STM-4(622.08 Mb/s)，STM-16(2.48832 Gb/s)，STM-64(9.95328 Gb/s) が実用に供されている．フレームの左側はセクションオーバヘッド（SOH : section overhead ）と呼ばれ，SDH フレームを伝送する区間（これをセクションという）の運用管理のための信号伝送などに使用される．おもな機能は表 4.2 に示すように，SDH フレームのフレーム同期信号，伝送路誤り検出のためのパリティ情報，伝送路故障時の伝送路自動切替信号の転送，伝送路故障を通知する警報転送などである．

4.6.2　低速信号の多重化

a.　バーチャルコンテナ

多重化される情報はバーチャルコンテナと呼ばれる器に入れられ，STM-N に多重化される．バーチャルコンテナは情報を運ぶペイロード部と，バーチャルコンテナの誤り監視や故障警報を運ぶパスオーバヘッド（POH : path overhead）からなる．VC-1（1.5 Mb/s 系の 1 次群用 VC-11 と 2 Mb/s 系の 1 次群用 VC-12)，VC-2，VC-3，VC-4 という 4 種類のバーチャルコンテナが定義されている．さらに高速の情報を運ぶためには，VC-4 を複数結合し 1 つの大きなバーチャルコンテナとして扱う連結 (concatenation) バーチャルコンテナという手法が用い

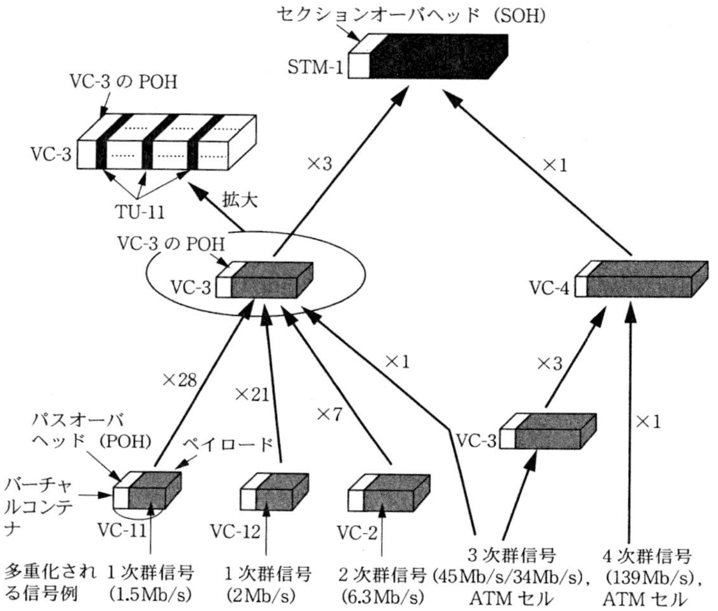

図 4.16　バーチャルコンテナによる多重化

られる.

現在, 各種の PDH 信号と ATM セルをどのようにバーチャルコンテナにのせるか (これをマッピングという) が規定されている. 将来, 新しい種別の信号が現れ, それを SDH で運びたいという要求が出たとしても, どれかのバーチャルコンテナへのマッピングを追加するだけで, SDH の多重化方法自体は何も変更しなくてもよい. SDH はこのような特徴を持つために, IP を SDH で転送する IP over SDH が簡単に実現されている.

図 4.16 には図 4.13 で示した多重化構成の一部を抜き取り, バーチャルコンテナによる多重化のイメージ図を示した. バーチャルコンテナの例として, 図 4.17 に VC-3 を示す. 先頭 1 列は POH であり, 表 4.3 に VC-3 の POH の機能を示す.

b. ポインタ

PDH における同期多重化は, 多重化される信号の位相をすべて一致させて行われる. このために多重化過程で最大 125 μs の遅延が発生する. これに対して,

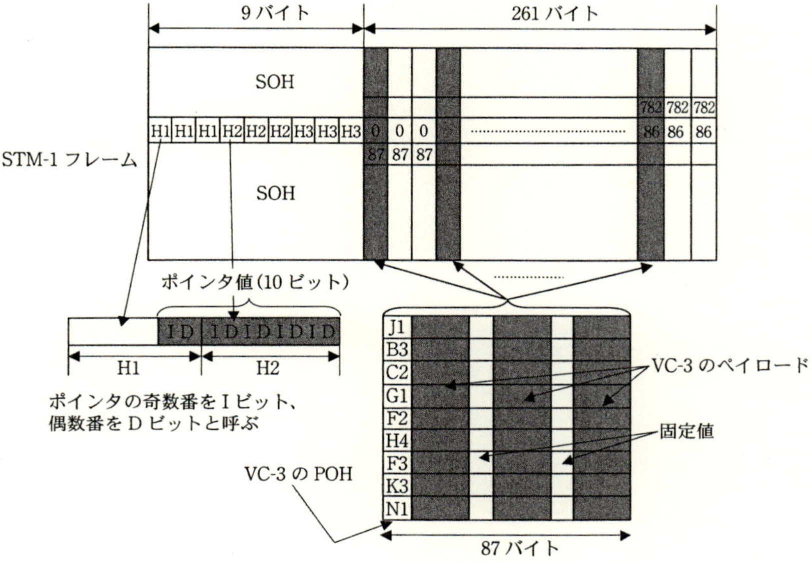

図 4.17 ポインタによる VC-3 の多重化

表 4.3 VC-3 のパスオーバヘッド

パスオーバヘッド	機　　能
J 1	パス送信点の識別番号
B 3	パスの誤り監視
C 2	VC にマッピングされている信号種別表示
G 1	パスの誤り個数と警報転送
F 2	保守用チャネル
H 4	VC-1/2 のマルチフレーム表示
F 3	保守用チャネル
K 3	パス自動切替え制御信号伝送チャネル
N 1	パス途中点におけるパス状態モニタ用

(注) VC-4 の POH は VC-3 と同一．VC-1/2 の POH は 4 バイトであるが，VC-3 の POH とほぼ同様な機能が定義されている．

SDH では位相同期は行わない．このため遅延時間は非常に少ない．位相同期を行わないで多重化できるのは，ポインタと呼ばれる技術が考案されたからである．STM-1 を例としてポインタを用いた多重化方法を説明する．STM-1 のペイロード部分には図 4.17 のように，ポインタバイトの右隣のバイト位置を 0 とし，バイトごとにアドレスがふられている. STM-1には3個のVC-3, または1個のVC-4が多重化できるが, 3個のVC-3を多重化する例で説明する.

1番のVC-3 (#1 VC-3) が多重化される位置は, STM-1ペイロードの第1列, 第4列, 第7列, …というように決まっている. VC-3はPOHを含めて85列の構造であるので, これに2列の固定値を加えてSTM-1に多重化される. VC-3の先頭はパスオーバヘッドJ1と決められている. VC-3をSTM-1に多重化するとき, 遅延時間ができるだけ少なくなるよう, J1はSTM-1の0から782のどの位置にも載せることができる. J1が入れられたバイトのアドレス値は, 2進値に変換しH1, H2にのせられる. 受信側ではH1, H2の値をみることによりVC-3の先頭位置（フレーム位相）がわかる. アドレスを表示するH1, H2をAU (administrative unit) ポインタと呼ぶ. なお, VC-4の先頭位置（J1）は, 同じアドレス値を持つ3つのバイトの中の最左位置のみを使うように決められている.

VC-1やVC-2をVC-3に多重化する場合は, TU (tributary unit) ポインタと呼ばれる, 同様な仕組みが用いられる.

c. ポインタによるスタッフ処理

これまでの説明は, 多重化される低速信号のクロック周波数がすべて一致する同期多重化を前提としてきた. しかし, 世界各国では低速信号には非同期信号も多く存在する. そこで, SDHは非同期多重化の仕組みも持っている. 非同期多重化の方法は4.4節で説明したスタッフであり, スタッフ処理をポインタにより実現している. この方法についてVC-3を例として説明する.

VC-3の周波数がSTM-1の周波数よりも高い場合は, 両者の位相差がしきい値を超えたとき, 図4.18に示すようにポインタの右隣のH3バイトの位置にも, VC-3が多重化される. これは, あらかじめ挿入してあるH3をスタッフすることにより周波数調整する方法であり, 先に説明した負スタッフである. 一方, VC-3がSTM-1よりも周波数が低い場合には, アドレス0の位置をとばして多重化する. これは, アドレス0の位置にスタッフバイトを挿入したことと等価であり, 正スタッフである. 送信側でスタッフを行ったことを受信側に知らせるために, 負スタッフを行ったときは, ポインタのDビットを1回反転させる. 負スタッフが行われた次のフレームでは, VC-3の先頭アドレスが1つ前に移動するので, 図4.18のようにポインタも1小さな値になる. 正スタッフのときは, ポインタのI

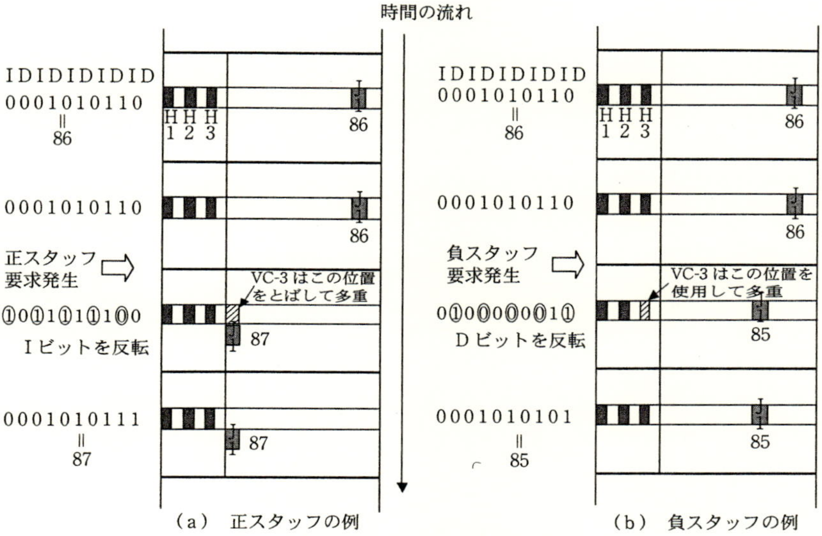

図 4.18 ポインタによるスタッフ動作

ビットを反転させる．

非同期信号を SDH に多重化する場合はこのようにスタッフが行われるので，4.4 節で説明した待合せ時間ジッタが発生する[7]．

4.7 ラベル多重化

これまでに説明した多重化方式では，1 つの情報は周期的に多重化され，多重化された情報位置はフレーム同期信号との相対的なビット間隔で識別される．そこでこの多重化を位置多重（positioned multiplexing）と呼ぶことがある．この多重化を用いた通信方式を同期転送モード（STM：synchronous transfer mode）というので，STM 多重化ともいう．STM 多重化は電話ネットワークのように，情報が周期的で，かつ同一速度の情報が大部分を占めるときには効率的な方法である．

しかし，情報が非周期的に発生したり，多様な速度の信号が混在したり，情報の速度が時間的に変化するような場合には，多重化効率が下がり，経済的な方式とはならない．このような信号の多重化に適した方法が，ラベル多重化（label multiplexing）である．ラベル多重化は情報を適当な大きさに切って器に入れ，器単位で多重化する方法である．器には情報を識別するためのラベルが付与される．ラベル多重の代表的な方式が，パケット転送モード（PTM：packet transfer mode）で用いられるパケット多重と非同期転送モード（ATM：asynchronous transfer mode）で用いられるセル多重である．

ラベル多重化では，器の長さが一定の固定長方式と，情報量により器の長さが自由に選べる可変長方式がある．可変長方式の方が固定長方式より柔軟性が高くて，優れているように思えるだろう．ATM を ITU-T で最初に議論したとき，やはり可変長にするか，固定長にするか議論された．そこで，可変長と固定長の比較をしておく[8]．なお，以下ではパケットもセルも一般用語としてパケットと呼んでいる．

a．伝送効率

ラベル多重ではパケットの区切りや，宛先アドレスなどを入れるオーバヘッドがつく．固定長ではどんな長さの情報も一定の長さのパケットに切るので，情報に対するオーバヘッドの割合が増加し，またパケット内で情報がない空白部分が生ずることがある．当然伝送効率は固定のパケット長とオーバヘッドの長さに依存する．ATM は音声の伝送を考慮し，情報領域 48 バイト，オーバヘッド 5 バイトと定められた[9]．

可変長の場合は，パケットの前後の区切りやパケット長の情報などがオーバヘッドに必要であるので，固定長の場合よりもオーバヘッドは長くなりがちである．そこで，データ長に対する可変長方式と，ATM のパラメータを用いた固定長方式の伝送効率を比較する．

可変長の伝送効率 η_v は，オーバヘッド長 h_v，データ長 x とすると，式 (4.8) である．

$$\eta_v=\frac{x}{h_v+x} \tag{4.8}$$

固定長の伝送効率 η_f は，データは情報領域長 I バイトごとに 1 つのパケットにされるので，オーバヘッド長 h_f，生成されるパケット数 m とすると，伝送効率は次式で求められる．

$$m=\left\lfloor\frac{x}{I}\right\rfloor \tag{4.9}$$

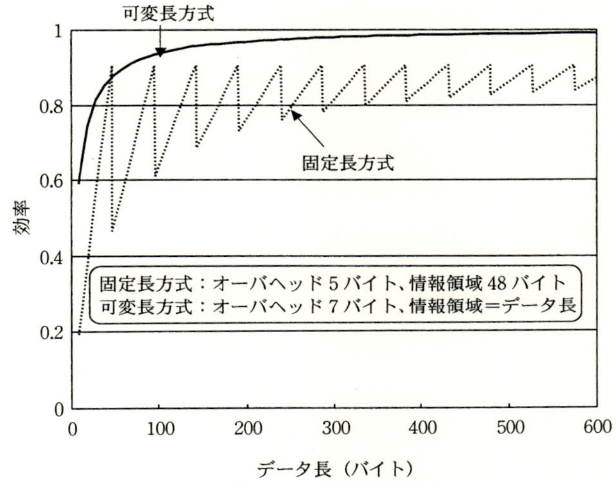

図 4.19 固定長と可変長の伝送効率に関する比較

$$\eta_f = \frac{x}{m(h_v + I)} \tag{4.10}$$

ここで，記号 $\lfloor y \rfloor$ は y 以上の最小の整数を示す．

そこで，$h_v=7$，$I=48$，$h_f=5$ として，比較した結果を図 4.19 に示す．可変長はデータ長が増加すれば効率が 100% に近づく．一方固定長はデータ長が増加すれば，80% から 90% 程度の間になる．パケットに比べると ATM は効率が悪いといわれるゆえんであるが，7 章で説明する光伝送技術により伝送コストが急激に減少しており，伝送コストの観点からは，両者の差は小さくなっている．

b. 多重化遅延時間

m 本の入力伝送路からのパケットを 1 本の出力伝送路へ多重化する系は，図 4.20 のように，待ち合わせ用のバッファメモリによりパケットをいったん蓄積した後に順次読み出しを行うモデルで表すことができる．可変長パケットの平均長が固定長パケットの長さと同じであったとしても，可変長では長いパケットも存在するので，多重化遅延時間は可変長のほうが大きくなると想定できる．

パケット多重化時の遅延時間は待ち行列理論により評価できる．入力側でのパケットの生起はランダムであると仮定する．入力伝送路数を無限大とすると，パケットの生起確率はポアソン分布となる（これはパケットの到着間隔が指数分布

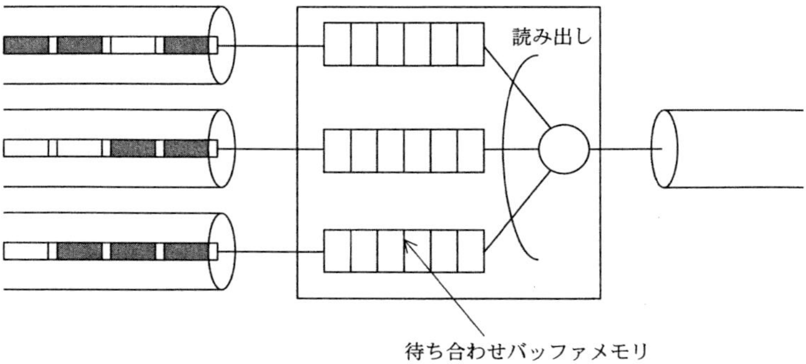

図 4.20　多重化モデル

であることを意味する).

ある時間間隔 τ の間にバッファに到着したセル数が n である確率 $\nu_n(\tau)$ は式 (4.11) で表される.

$$\nu_n(\tau)=\frac{(\lambda\tau)^n}{n!}e^{-\lambda\tau} \tag{4.11}$$

λ は単位時間当たりのバッファへの到着セル数（セル/秒）

待ち行列理論では，図 4.20 のバッファが待ち行列に対応し，パケットがバッファに到着してからバッファの先頭にくるまでの時間を待ち時間（waiting time）という．バッファの先頭から伝送路へ読み出されて出力されるまでの時間がサービス時間である．待ち時間とサービス時間の合計を待ち行列理論では系内時間（system time）あるいは遅延（delay）と呼ぶ[10]．多重化遅延時間はこの系内時間に相当する．

パケット長を L（ビット）とすると，このパケットのサービス時間 s（秒）は次式となる．

$$s=\frac{L}{C} \tag{4.12}$$

ここで，C は出力伝送路速度（ビット/秒）である．

固定長の場合はサービス時間は一定値になり，可変長の場合はパケット長の分布が負の指数分布にしたがうモデルが用いられることが多い．負の指数分布とは，変数 x（たとえば，パケット長や到着間隔）の確率密度関数 $f(x)$ が式 (4.13) で与えられる分布である．

$$f(x)=\lambda e^{-\lambda x} \tag{4.13}$$

平均は $1/\lambda$，分散は $1/\lambda^2$ である．

たとえば，パケット長が指数分布にしたがうとき，平均パケット長 $(1/\lambda)$ が 50 バイトであるようなパケット長の確率密度関数は図 4.21 のようになる．

図 4.20 で示したモデルの系内時間を求めるために，固定長では待ち行列理論の M/D/1 モデルが，可変長では M/M/1 モデルが用いられる．ここで，表記法 M/D/1 はケンドール記号と呼ばれ，第一項は到着間隔の分布，第二項はサービス時間の分布を示し，M は指数分布，D は固定分布を示す[10]．また，第三項は出線数を示すので，第三項が 1 になっている．

系内時間も確率分布を持つ．システムの設計においては通常特性に余裕を持たせるために，システムにとってはより厳しい条件を用いる．たとえば 99% 値，すなわちこの設計から外れるサンプル数が 1%，などの条件で設計するが，ここではまず可変長と固定長の特徴を理解するために，算出の簡単な平均値で比較する．M/M/1 と M/D/1 の系内時間の平均値 T はポラチェック (Pollaczek)-ヒンチン (Khinchin) の平均値公式として知られている．

$$T=\bar{x}+\rho\frac{1+C_b{}^2}{2(1-\rho)}\bar{x} \tag{4.14}$$

T：平均系内時間（秒）

$\bar{x}$：平均サービス時間（秒）

ρ：利用率

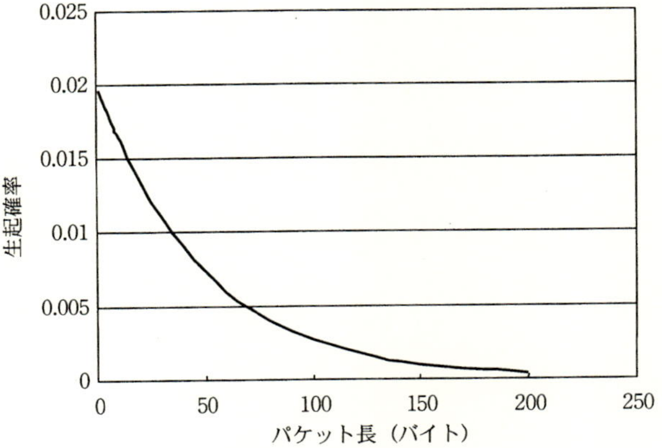

図 4.21 負の指数分布の例

C_b^2：サービス時間の変動係数であり，M/M/1 は 1，M/D/1 は 0 である．したがって，

$$\text{M/D/1} \qquad T = \frac{2-\rho}{2(1-\rho)}\bar{x} \tag{4.15}$$

$$\text{M/M/1} \qquad T = \frac{2}{2(1-\rho)}\bar{x} \tag{4.16}$$

これより，平均サービス時間が等しければ，いい換えれば，平均パケット長が等しければ，常に固定長のほうが遅延が少ないことがわかる．図 4.22 に利用率を横軸にとり，可変長の平均パケット長を 53 バイトおよび 100 バイトとし，固定長は 53 バイトとして，平均系内時間を比較した例を示す．

利用率 ρ は，図 4.20 の多重化の例では，伝送路収容効率に対応する．伝送路収容効率とは，伝送路の全ビット数に対して情報，ここではパケットが占有するビット数の割合である．

現在広く利用されているインターネットでは，40 バイト程度の短パケットも多いが，イーサネット（ethernet）のパケット長の上限である 1500 バイトぐらいま

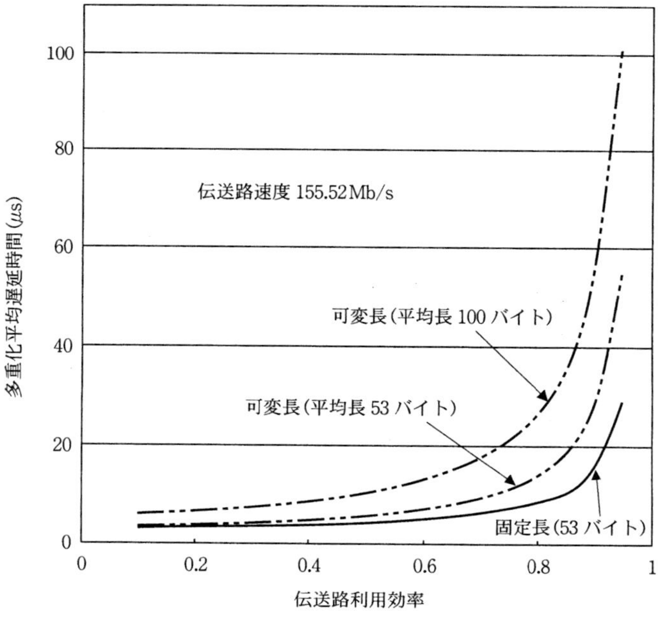

図 4.22　固定長と可変長の多重化遅延時間の比較

での長いパケットも多く存在しているといわれている[11]．可変長パケット方式を用いると，短パケットが先に到着した長パケットにより待ち合わせが生じて，大きな遅延が発生することがある．

c. 多重化ハードウェアの複雑さ

固定長方式では，待ち合わせ用バッファ量の設計は固定値を基準に設計できる．しかし，可変長ではいろいろな長さのパケットがあるので，たとえば最大長でもって設計すると，メモリのむだが多くなる．

またメモリの管理も固定長は単純であるが，可変長ではバイト単位にメモリの割当管理が必要となり複雑である．

以上のように，効率の点では可変長が優れているが，多重化遅延や多重化ハードウェアのシンプルさの点では固定長が優れている．

4.8 ATM多重化

ATMは固定長パケットを用いたラベル多重化方式による新しい通信方式である．そこで，ITU-Tではパケットという用語の代わりに，“セル”という用語を用いることとしたので，ここでは，セル多重という用語を用いる．セル多重では情報の器（セル）は固定長であり，情報がない場合は空のセルが入る（図4.23）．位置多重とセル多重の比較を図4.24に示す．セル多重は情報の発生形態に合わせた多重化ができるので，種々の情報源からなるマルチメディア通信に適した多重化である．

それでは，以下にATMの多重化の概略を説明する[12]．ATMによる通信については，9章で説明する．

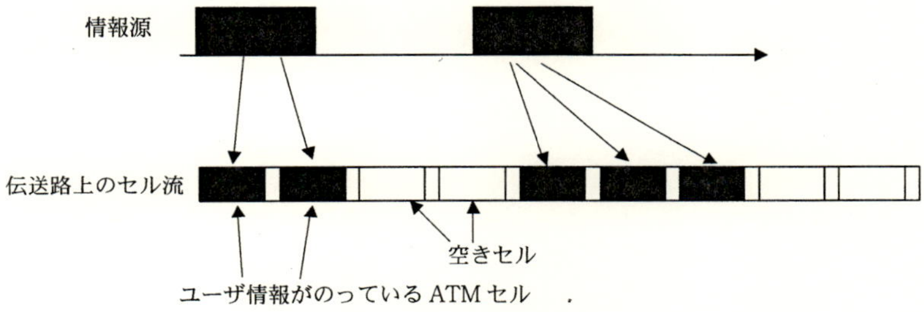

図 4.23 セル多重の伝送フレーム

	位置多重	セル多重
フレーム	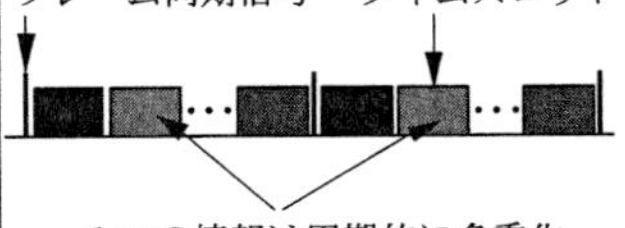 フレーム同期信号　タイムスロット　1つの情報は周期的に多重化	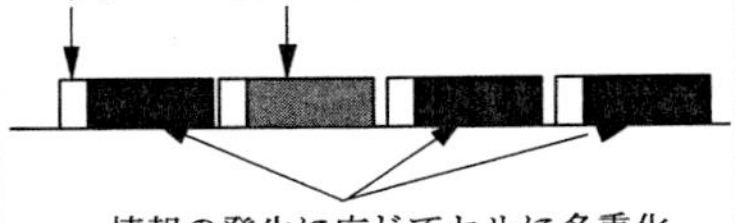 ヘッダ　ATMセル　情報の発生に応じてセルに多重化
多重化情報の識別	多重化位置（フレーム同期信号からの相対位置）で識別	ヘッダ情報で識別
情報の配列	周期的	非周期
情報源との親和性	定常的な情報を効率良く伝達	・バースト的な情報も効率良く伝達 ・異なった速度情報を効率良く伝達

図 4.24　位置多重とセル多重の比較

a. セル構造

ATMでは情報は53バイトのセル(cell)に入れられる．セルの先頭5バイトはヘッダ(header)であり，続く48バイトが情報を入れるためのペイロードである．

ATMではセル長は53バイトであるが，セル長はどのような要因で決められるのであろうか．ヘッダ長はネットワークの機能から決まるので，セル長に無関係に決められる．したがって，セル長が長いほど，ヘッダ率は低くなるので，4.7節の議論から伝送効率が高くなることがわかるであろう．ただし，伝送する情報量がペイロード長よりも少ないような情報の比率が高いと，セルの使用率が低くなるので，結果的にネットワークの使用効率が低くなることに注意が必要である．次に多重化遅延時間に関しては，式(4.15)から，セル長が長いほど，遅延時間が増加することがわかる．

1980年代にATMが提案されたときは，ATMで電話を伝送することが重要と考えられた．ペイロード長を L_p（バイト）とすると，ペイロード全部に64kb/sの電話を多重化するのに要する時間は，$125\times L_p(\mu s)$ であるので，ペイロード長が長いほど電話の遅延時間が増加する．

ATMのセル長は，上記のような議論を経て，電話に対する遅延時間を少なくすることと，伝送効率のトレードオフにより，ペイロード長48バイト，ヘッダ長5バイトと定められた[9]．

ヘッダの構成を図4.25に示す．ヘッダにはセルのルーティングやセルの管理を

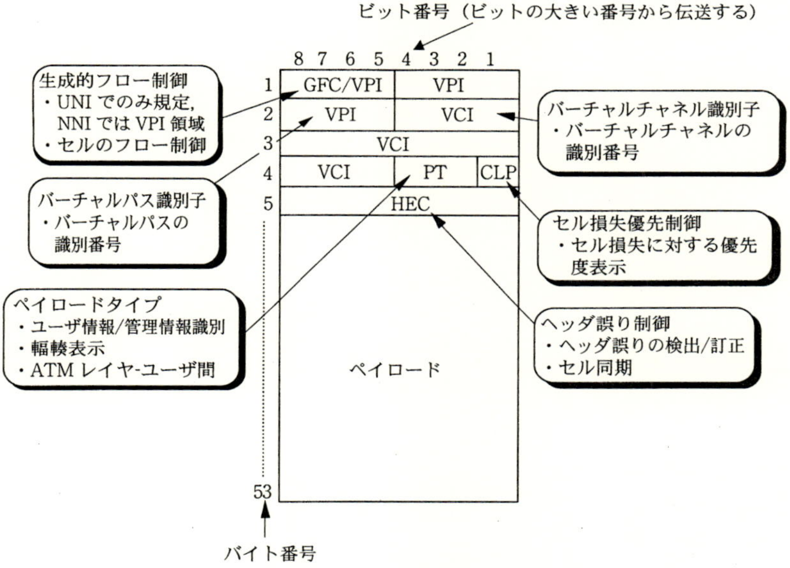

図 4.25　ATM セルの構造

行うための機能を司る情報が入っている．主要なものを以下に述べる．

（1）　ルーティング情報（VPI/VCI）

網内ではヘッダのうち先頭 12 ビットをバーチャルパス番号（VPI：virtual path identifier），次の 16 ビットをバーチャルチャネル番号（VCI：virtual channel identifier）を示すものに用いられる．これらの番号は伝送路ごとに与えられ，セルはこの番号により転送先に伝送されていく（9 章参照）．なお，ユーザ網インタフェース（UNI：user-network interface）では，先頭 4 ビットは複数の端末で UNI を共用するような場合のそれぞれの帯域制御に使用される．これを生成的フロー制御（GFC：generic flow control）という．

（2）　ヘッダ誤り制御（HEC：header error control）

ヘッダの 5 バイト目は，ヘッダに発生するビット誤りの検出・訂正とセルの先頭を見出すためのセル同期に用いられる．

誤り検出・訂正は CRC-8（cyclic redundancy check）符号[13]により行われる．ヘッダの先頭 4 バイトに対して，生成多項式 $H(x)=x^8+x^2+x+1$ を用いて CRC 符号を送信側で生成し，HEC 領域に挿入する．1 ビット誤りの訂正と，複数

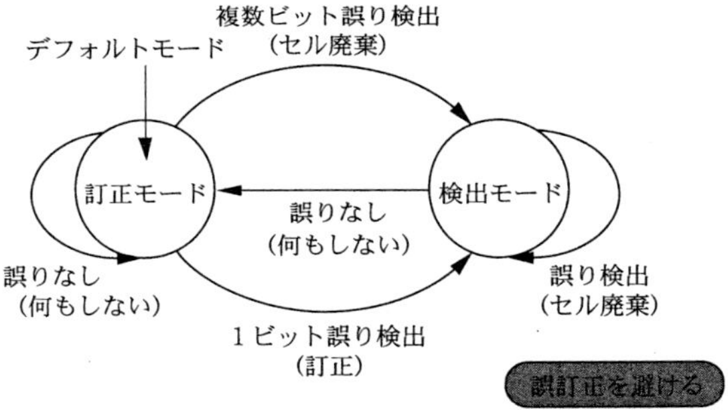

図 4.26　ヘッダ誤り検出の動作

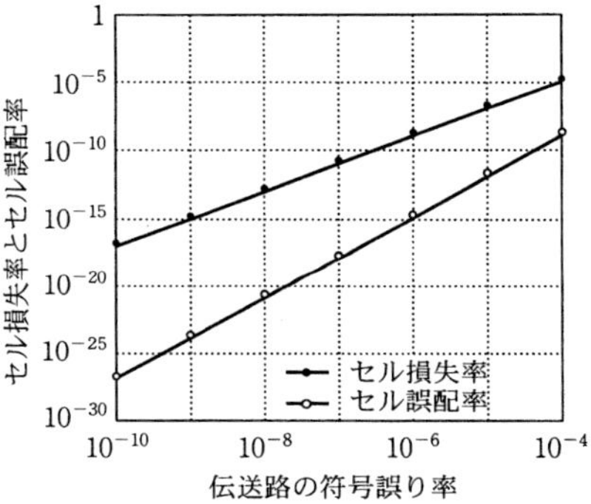

図 4.27　伝送路誤り率とセル損失率の関係

ビット誤りの検出を行うことができる．受信側は図 4.26 に示すように，訂正モードと検出モードの 2 状態を持ち，通常は訂正モードで動作している．訂正モードで 1 ビット誤りを検出したら誤り訂正を行い，複数ビット誤りを検出したらそのセルを廃棄して，検出モードに移る．検出モードでは 1 ビットでも誤りを検出したらセルを廃棄する．ヘッダで誤りが発生するとセルはまちがった宛先に伝達されかねないので，このように厳密なチェックが行われる．ヘッダ誤り制御を行うことにより，図 4.27 に示すように，伝送路誤り率に対してセルの廃棄や誤配が発生する確率を非常に低く抑えることができる[14]．なお，CRC は通信において伝送誤りの検出方法としてよく用いられているので，概略を付録 1 (p. 178) に示す．

（3）　セル同期

セルの先頭を見出すセル同期は HEC を利用して行われる．受信側ではセルの

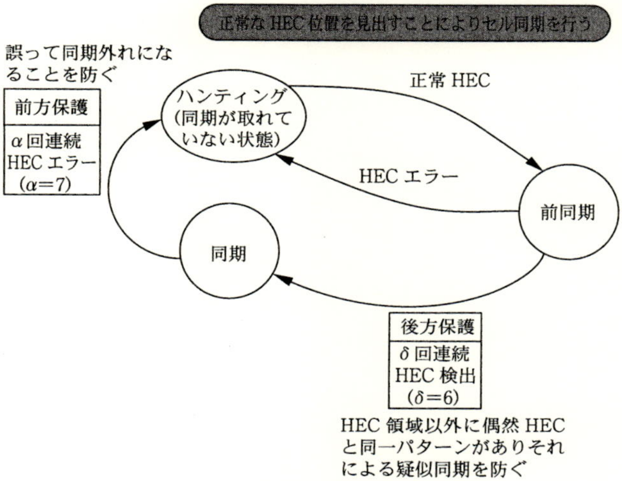

図 4.28 セル同期の動作

先頭が正しく見出されている(セル同期が確立している)とすれば，先頭から5バイト目が HEC である．通常伝送路でビット誤りが発生することは非常に少ないので，5バイト目で正しい HEC であれば，仮定した先頭位置が正しいということである．セル同期は図 4.28 のように行われる．セル同期が確立していないときは，1ビットずつずらしながら（ハンティング）HEC を計算し，正しい HEC 位置が見出されたら“前同期”状態とする．その後はセル単位，すなわち 53 バイト単位に HEC を計算し，δ 回連続して正しい HEC であれば，セル同期を確立したと見なす．これは，4.3 節で説明したフレーム同期の後方保護と同一の考え方である．また，セル同期が確立している状態で，HEC を誤った場合には伝送路中でビット誤りを発生した確率が高い．そこで，同期状態で α 回連続して HEC を誤った場合にはじめてセル同期が外れた状態とする（前方保護）．なお，ITU-T 勧告ではハンティング状態で正しい HEC を検出して以降，同期状態になるまでのセルは，廃棄するかあるいは正常なセルとして処理するかどちらでもよいとされている．また，α と δ の値は $\alpha=7$，$\delta=6$ が推奨されている．

b. セル伝送のフレーム

ATM では多重化される情報のあるなしにかかわらず，セルを敷き詰めた状態にあり，情報がない場合には空きセルとなる．空きセルはヘッダの第1バイトか

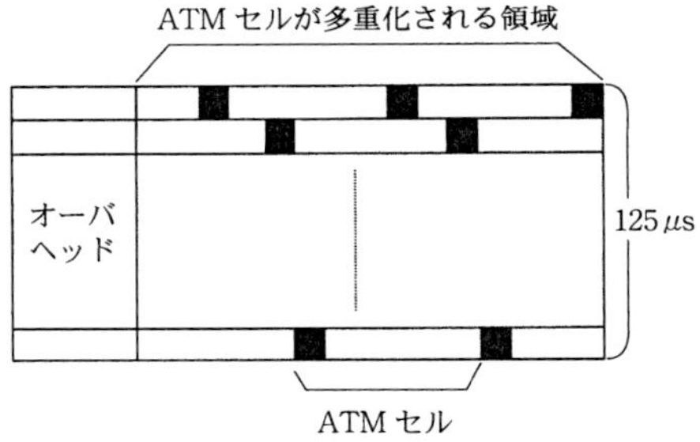

（a）　SDH ベース ATM インタフェース

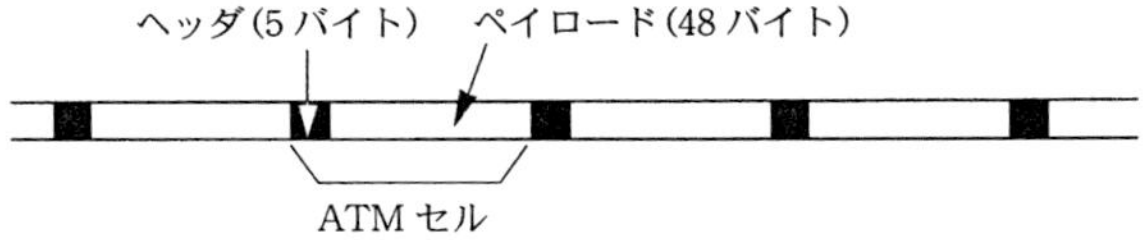

（b）　セルベース ATM インタフェース

図 4.29　2 つの ATM セルのインタフェース構造

ら第 4 バイトまでをすべて 0 として判別され，HEC は “01010010” である．

世界各国では ATM ネットワークを導入する以前に，SDH 多重化を用いた伝送装置を大量に導入してきた．そこで，ATM ネットワークの構築においてはこれらの SDH 伝送装置を有効に利用できるように，SDH インタフェースで ATM セルを運ぶ案が考えられた．具体的には，図 4.29(a) のように，バーチャルコンテナに ATM セルを敷き詰めた構成である．これを SDH ベースインタフェースと呼ぶ．これに対して，図 4.29(b) のように ATM セルだけでインタフェースを構成するセルベースインタフェースも勧告化されている．しかし，世界各国とも現状は SDH ベースインタフェースを用いている．

c.　ATM ネットワークの多重化特性

（1）　遅延揺らぎ特性

ATM ネットワークは周期的な信号，非周期的な信号，また周期的な信号の場合でもその周期が異なる複数の信号など多様な信号を効率よく多重化できることが特徴である．したがって，ATM ネットワークの設計においては多重化特性をよく把握しておくことが重要である．周期的な信号は固定速度信号（CBR：constant bit rate）といわれ，ATM ネットワークで STM の回線を模擬するサービスに使用される．CBR 信号を多重化するとき，すべての信号が同じ周期，いい換えれば同一速度のセル列で，各入力伝送路から出力伝送路へのセルの読み出し順序が一定であれば，多重化された後も各信号の周期性は保たれている．しかし，ATM ネットワークでは通常すべての信号が同一速度ということはなく，また読み出し順序もランダムに行われることもあり，多重化により各信号の周期性が乱されることがある．異なった周期のセル列を多重化すると，多重化前にセル間隔が一定であったCBR信号のセル列でセルの周期性が保たれない例を示す．図4.30には2つのセル周期，いい換えればセルの伝送速度の異なる信号を多重化したときの様子を示しているが，信号源2のセル間隔が多重化後には一定でなくなっていることがわかる．これはセルが基準位置から遅延を受けたことであり，セルごとに受ける遅延量が異なる．この現象をセル遅延揺らぎ（CDV：cell delay variation）という．

CDVが問題になるのは，音声や映像のような連続信号をATMで伝送する場合である．到着したセルが等周期でないと，受信側で復号化するときPCMの標本化点がずれるので，雑音となる．これを避けるためには，受信側にバッファメモリを置き，受信信号を平滑化する．このためにCDVは信号の遅延になる．信号の遅延時間や受信平滑バッファメモリ量の設計のために，CDVの評価が必要である．

入力がポアッソン到着過程とした場合のCDVは，M/D/1モデルで多重化遅延時間分布を求めることにより得られる．CBR信号に対するCDVを評価することが必要であるが，CBR信号はポアソン到着過程ではない．しかし，これまでの研究でCBR信号の多重化に関しては，ポアソン到着過程で近似して評価できることが知られている[15]．

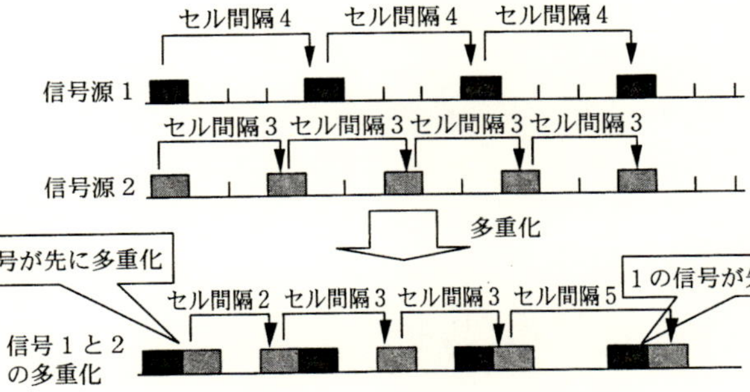

図 4.30　CBR信号の多重化でCDVが発生する例

多重化遅延時間の平均値は式（4.15）で求められるが，ネットワークの設計においては，単に平均値を知るだけでは不十分であり，分布まで知る必要がでてくる．そこで，付録2(p.180)でM/D/1モデルを用いて，ATMネットワークにおける遅延時間の分布を求める方法を紹介しておく．

ネットワークの評価におけるもう一つの課題は，一つの信号に対して多重化が何回も行われるという，いわゆる多ノード系の評価である．セル多重化は交換機やクロスコネクト装置のなかで行われるが，ネットワーク内では通常これらの装置を何回も通過するので，遅延時間が累積する．1回の多重化であればポアッソン到着過程にしたがうとして，M/D/1モデルで遅延時間が評価できた．しかし，2番目以降の多重化においては，入力がポアッソン到着過程という仮定が成立する保証がない．しかし，各ノードではほかのルートからもセルが流入するとすれば，近似的に各ノードでセルの到着がポアッソン到着過程にしたがうと見なせることが知られている（クラインロックの独立近似）[13,16]．

そこで，ATMネットワークの多ノード系での遅延時間分布を求めるためには，1つのノードでの遅延時間分布をM/D/1モデルにより求め，これをnノード分畳み込みすることにより求められる．畳み込みによって求めた値と，多ノード系システムをコンピュータで模擬したシミュレーションを比較した結果，伝送路収容率が高い場合（$\rho=0.8$以上）ではよい一致を示すことが知られている[17]．

付録2に示した方法により，伝送路速度C，伝送路収容効率ρをパラメータとして，多重化ノード数Nに対する遅延時間を求めた例を図4.31に示す．この値は，式(付2.9)(p.182)で求めた値をノード数分畳み込みすることにより求めた値である．当然のことであるが，伝送路速度が速いほど遅延時間は少なく，伝送路収容効率が高いほど遅延時間が増加する．

（2）　バッファ量とセル損失

ここまでの解析では，バッファ量は無限大としてきた．しかし，実際のシステムではバッファ量は有限である．そのためもしバッファに入りきらないほどのセルが到着すると，バッファあふれが生じ，セルの損失になる．バッファ量とセル損失率の関係を求める方法を付録2に示す．

バッファ量Bとセル損失率βの関係を伝送路収容率ρをパラメータとして計算した例を図4.32に示す[15]．この例から，バッファ量を256セル分持てば，伝送路収容率95%と非常に高い収容率に対しても，セル損失率10^{-10}と実用上問題と

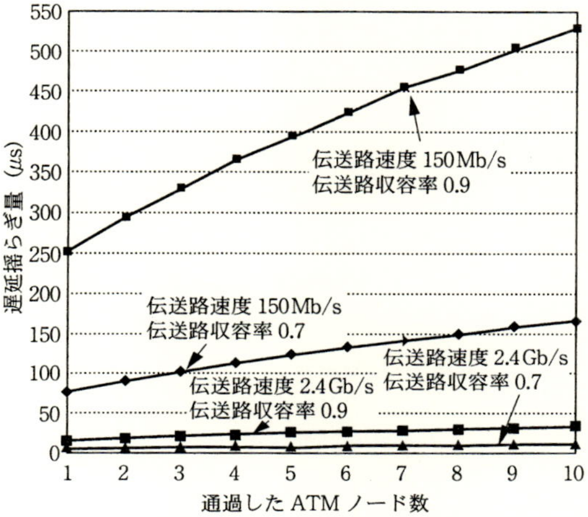

図 4.31 多重化における遅延揺らぎ特性

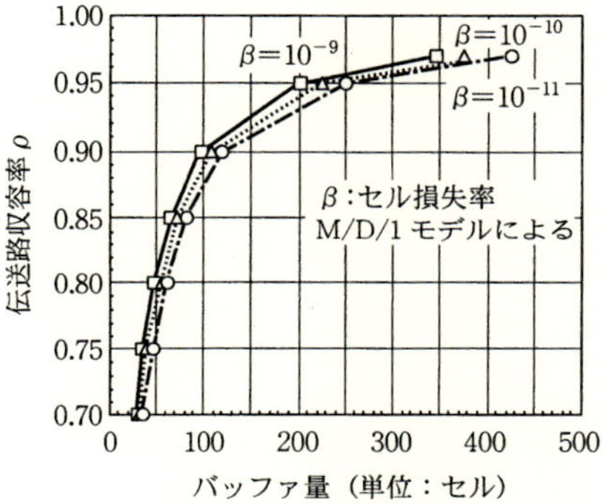

図 4.32 多重化におけるセル損失特性

ならないくらいの低いセル損失率が実現できることがわかる.

4.9 網 同 期

同期多重化のためにはネットワーク全体でビット周波数を一致させなければならない. これを網同期 (network synchronization) という. 網同期の方法としては, 大別すると図 4.33 のような, 従属同期, 独立同期, 相互同期がある.

従属同期は網の 1 ノードに非常に高精度な主発振器 (master clock) を置き,

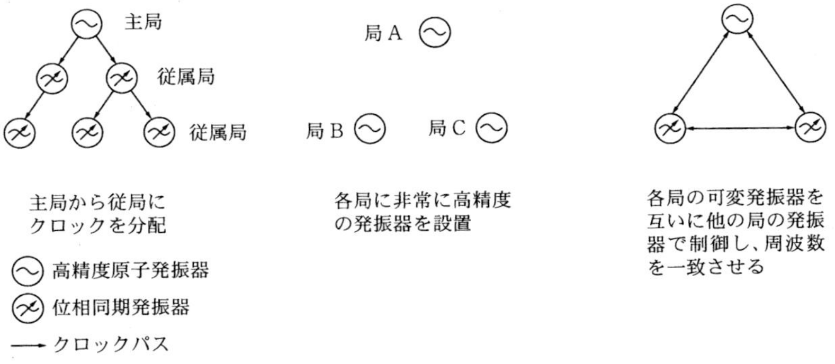

（a） 従属同期方式　（b） 独立同期方式　（c） 相互同期方式

図 4.33 各種の網同期方式

ほかのノードにはこれより精度の低い従属発振器（slave clock）を置く方式である. 主発振器のクロック信号を, すべての従属発振器に伝送し, 従属発振器の PLL（phase locked loop）は主発振器の周波数に同期して発信して，クロック信号を生成する．これにより，網全体のクロック周波数は主発振器の周波数に統一される．従属同期は高価な高精度発振器は 1 つでよいので経済的であるが，主発振器から従属発振器へのクロック分配路が切断されたときの対策が必要である．このような場合は従属発振器で上位局との周波数差情報を持ち，クロック分配路が故障のときはこの情報を用いて周波数精度を保つ弱結合従属同期方式が用いられている[18].

独立同期は各ノードに非常に高精度な発振器を置き，各発振器は独立に発信してクロック信号を生成する方式である．独立同期は 1 カ所の故障が網全体に波及しないという特徴を持つが，高精度な発振器を多く必要とするので経済的に不利である．また，発振器の精度差に対応して，伝送されたビットが抜け落ちたり，2 回読まれたりというスリップ現象が発生する.

相互同期は各ノードの発振器相互間で周波数情報を交換し，平均周波数に収斂するように制御することにより，網全体のクロック周波数を一致させる方式である．相互同期はそれほど高精度な発振器は必要でない．しかし，フィードバック系を構成するので，網の擾乱に対しても常に安定して周波数を制御することと，ノード数が非常に多いネットワークでの周波数制御が課題である.

経済性や周波数制御の容易さから，通常 1 つの通信事業者内では従属同期が用いられている．しかし，事業者間ではどこかの事業者に主発振器を持たせるということはできないので，独立同期である．

演習問題

（1） ディジタル信号の多重化がなぜ用いられているか説明せよ．

（2） 非同期多重化と同期多重化の原理とおのおのの特徴を述べよ．

（3） STM-1 フレームで最悪同期復帰時間の平均値を 125 μs 以下とするためには，フレーム同期信号は何ビット必要か．ただし，フレーム同期信号はバイト単位とする．伝送路符号誤り率 10^{-4} のとき，誤同期確率 10^{-6}，および再ハンチング確率を 1% 以下とするための後方保護段数を求めよ．さらに，ミスフレーム発生間隔を 10 年以上とするための前方保護段数を求めよ．

（4） SDH 多重化の特徴を述べよ．

（5） SDH の STM-1 信号のビットレートを求めよ．

（6） SDH のポインタの役割を述べよ．

（7） ラベル多重における固定長と可変長の特徴を述べよ．

（8） 位置多重とセル多重を説明し，おのおのの特徴を述べよ．

（9） 網同期の方法をあげ，おのおのの特徴を説明せよ．

参考文献

1) 山下 孚編著：やさしいディジタル伝送，電気通信協会（1996）．

2) 沖見勝也，加納貞彦，井上友二，村上英世編著：新版 ISDN，電気通信協会（1995）．

3) 木村英俊，広崎膨太郎編著：ディジタル通信，丸善（1991）．

4) Bell Laboratories：情報通信システム（山口開生，中込雪男監訳），ラテイス社（1984）．

5) 相原憲一，富田邦明，豊島基良："回線編集・監視系の構成"，通研実報，Vol. 28，No. 7，pp. 1447-1465（1979）．

6) 河西宏之，槇 一光，辻 久雄：SDH，オーム社（1993）．

7) 大竹孝平，坪井利憲，河西宏之："SDH ポインタ処理同期系におけるジッタ伝送モデルとジッタ電力評価"，信学論 B-I，Vol. J 78-B-I，No. 9，pp. 409-419（1995）．

8) M. de Prycker：ATM 詳解（松島栄樹訳），プレンティスホール出版（1996）．

9) 前田洋一，河原崎雅敏，岡田忠信："B-ISDN（ATM）の最新技術動向"，信学会通信方式研究会資料 CS 89-60（1989）．

10) L. Kleinrock：待ち行列システム理論（上，下）（手塚慶一，真田英彦，中西 暉訳），マグロウヒル好学社（1979）．

11) K. Thompson, G. J. Miller and R. Wilder："Wide-area internet traffic patterns and characteristics"，IEEE Network，Vol. 11，No. 6，pp. 10-23，Nov./Dec.（1997）．

12) 坪井利憲，山中直明編著：やさしい ATM，電気通信協会（1998）．

13) D. Bertsekas and R. Galleger：データネットワーク（八星禮剛監訳），オーム社（1990）．

14) 岩瀬亮一，小原 仁："ATM 網における伝送路符号誤りおよびセル廃棄の補償法"，信学論 B-I，Vol. J 75-B-I，No. 1，pp. 1-11（1992）．

15) 佐藤陽一，中川健治，山中直明，佐藤健一："ATM 網における CBR パスの収容設計"，信学会通信方式研究会資料 CS 91-4 (1991).
16) L. Kleinrock：コミュニケーションネット（手塚慶一監訳），コロナ社 (1975).
17) 佐藤陽一，佐藤健一："多ノード待合せ系の遅延解析"，信学論 B, Vol. J 71-B, No. 6, pp. 669-677 (1988).
18) 牧野正俊，安士哲次郎，高　正博："網同期方式"，通研実報，Vol. 28, No. 7, pp. 1467-1486 (1979).

5. 中継伝送ディジタル技術

中継伝送は，電話局相互間，ネットワークセンタ相互間，さらには電話局とネットワークセンタ間の情報伝送を担い，経済性とともに高品質な伝送特性を必要とするものである．そのため，高度な伝送技術の開発が必須な分野である．本章では，中継伝送方式の設計に必要な代表的な事項として，下記の4項目を取り上げている．

（1） 波形等化と符号間干渉．

（2） 符号誤り率とジッタ．

（3） 伝送符号形式とスクランブラ．

（4） 光ファイバケーブル．

伝送理論を適用しやすい分野であるが，極力，数式を使わずに説明している．中継伝送の特徴を把握してほしい．

5.1 中継伝送とは

伝送分野の重要な役割として加入者伝送と中継伝送がある．加入者伝送は非電話サービスの出現によって必要になってきたものであり，代表例をISDN（integrated services digital network）サービスにみることができる．基本的にはサービスの利用者である加入者が伝送媒体を占有して使用するため，伝送システムを安く実現しなければならないことに特徴を有する．これに対して中継伝送は，電話局相互間，ネットワークセンタ相互間，さらには電話局とネットワークセンタ間の情報伝達を行うものである．伝送特性の優れた伝送媒体を使用し，さらに多重化技術によって多数の利用者がこの伝送媒体を共用することで伝送コストを安くすることに特徴がある．一般に伝送距離は長くなる．光ファイバケーブルが出現する以前には，中継伝送用の伝送媒体としておもに同軸ケーブルと無線が使用された．これらの伝送媒体では，多重化技術によってもコストの低減に限界があり，伝送効率を高めるためのネットワーク作りにさまざまな工夫がなされた．電話の通信網として4階位網が適用されたのは，ネットワーク的にみた伝送コストの削減方法でもある．しかし，光伝送システムが実用化され，情報を遠距離に伝送するコストが大幅に低減できるようになり，局階位を少なくできるようになったことは2章に述べたとおりである．

中継伝送系の基本構成例を図5.1に示す．伝送媒体として標準同軸ケーブルを使用している．多重変換装置で多重化された情報信号は，端局中継装置で伝送媒体に適合する符号形式に変換され，伝送路に送出される．伝送路には，ほぼ等間隔で再生中継器が設置され，減衰したりひずんだディジタル信号を再生し，次の伝送区間に送出する．情報信号は，この過程を繰り返しながら長距離区間を伝送される．再生中継器を動作させるための電力は，端局中継装置を経由して給電装置から供給される．また，中継伝送系では，多数の情報信号を多重化して伝送するため，システムの故障に対する対策が重要となる．そのため監視区間が設けられ，サービスに供しているシステムが故障したり，伝送品質が劣化した場合，監視区間を単位として予備のシステムに切り替える方法を取り入れている．

中継伝送で重要な役割を果たすのが再生中継器である．再生中継器の基本構成を図5.2に示す．主要な機能は等化増幅回路，識別再生回路，およびタイミング回路によって実現される．ケーブルなどの伝送媒体から再生中継器に入ってくる信号は，減衰したり波形ひずみを受けており，等化増幅回路で増幅と波形整形が行われる．しかし，この等化増幅回路の出力である等化増幅波形には，信号成分のほかに雑音などの妨害成分も含まれている．そこで識別再生回路でパルスの有無が判定されるが，これによって等化増幅波形に含まれる雑音や波形ひずみが除去される．しかし，判定の際，ある確率で判定ミス，すなわち符号誤りを発生する．そのため信号対雑音設計が重要であり，所要の符号誤り率を得るための雑音量や波形ひずみ量を計算や波形シミュレーションで求め，パルスの伝送可能距離が決定される．タイミング回路は，識別再生回路でパルスの有無を判定する際の時間位置情報を与えるものである．もととなるタイミング情報は，等化増幅波形を処理して抽出する自己タイミング方式によるのが一般的である．これら3つの回路が提供する機能は，3R（reshape, retiming, regeneration）といわれる．光ファイバケーブル，無線，同軸ケーブル，平衡対ケーブルなど，伝送媒体に固有な伝送特性によって使用される伝送符号形式は異なるが，3Rという基本機能に

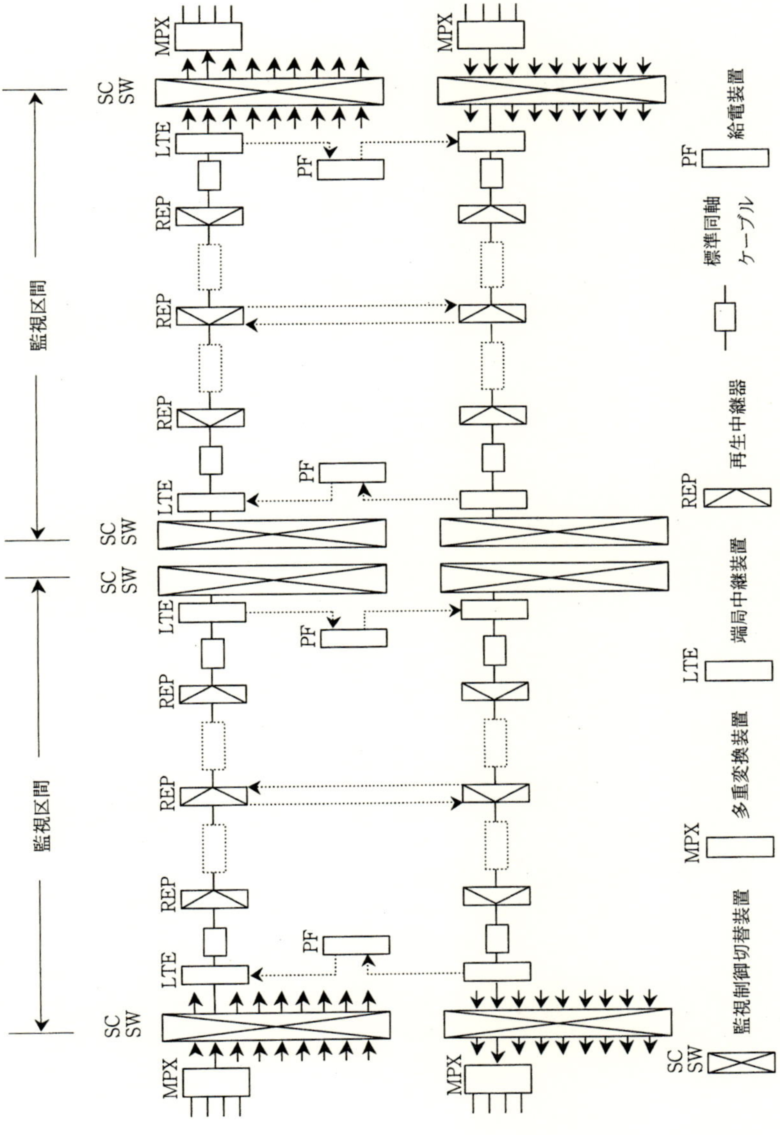

図 5.1　中継伝送系の構成例（標準同軸ケーブルの場合）

変わりはない．なお，図 5.2 のようにケーブルとして銅を使用する場合，再生中継器の入出力部分に電力分離ろ波器，PSF (power separation filter) を設置する．これは再生中継器を動作させる電力を情報信号と同じケーブルを使用して送っており，電力を 3 R 機能の実行前に分離し，実行後に重畳する働きを持っている．

近年，光ファイバケーブルを使った中継伝送に図 5.3 に示す光増幅技術が使われ，伝送システム構成に大きな変化を与えることとなった．この特徴は，伝送路で減衰した光の損失だけを中継器で増幅し，電気的な処理，すなわち 3 R の再生中継機能は端局中継装置に置くだけで長距離伝送を行うことにある．これによって中継器が簡易化され，経済的なディジタル伝送が可能となる．さらに，中継器にはタイミング回路のような伝送速度に拘束される機能を持たないため，ビットフリー伝送が可能である．導入当初に設定した伝送容量が足りなくなり，将来，さらに大容量化したくなったような場合，単に端局中継装置の構成を変えるだけで実現できることになる．すなわち，伝送システムの容量変更を柔軟に行えるようになる．光増幅技術を適用したシステムの代表例は海底光伝送方式であり，国内では九州と沖縄を結ぶ伝送方式として，また，海外では日本とアメリカ，アメ

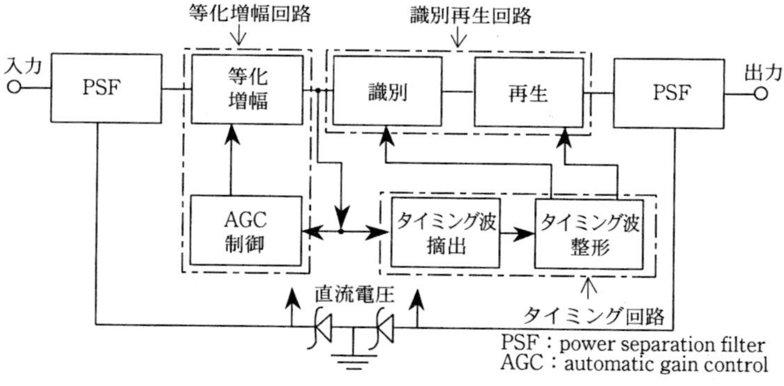

図 5.2　再生中継器の基本構成例

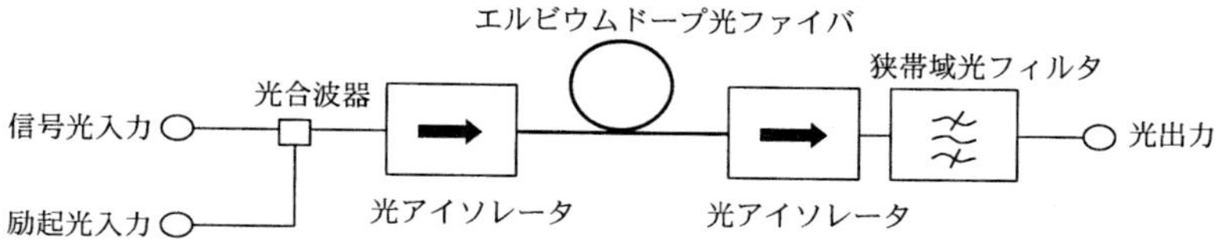

図 5.3　エルビウムドープ光ファイバ増幅器の基本構成

リカとヨーロッパなどを結ぶ伝送方式として広く利用されるようになっている.

5.2 波形等化と符号間干渉

再生中継器から送出されたパルスは,ケーブルの伝達特性によって減衰したり,波形ひずみを受けたりする.その一例として標準同軸ケーブルに矩形パルスを送出した場合の波形応答例を図5.4に示す.ケーブル長が長くなるとともにパルスの振幅は減少し,その波形はパルスの繰り返し時間と比較すると何十倍にも広がってしまう.このように減衰とひずみを受けた波形から前の再生中継器で送出されたパルスと同じものを等化増幅回路で得ようとすると非常に広い帯域にわたって信号成分を増幅する必要がある.増幅する帯域が広がると雑音量も増大することになる.そこで波形等化ということが行われる.

波形等化の目的は,増幅する帯域を適切に設定することによって識別回路でのパルスの有無の判定に都合のよい波形を得ることにある.ここで要求されることは,波形に対する雑音量が少ないことと他の識別時点に干渉的な影響を及ぼさないことである.しかし,これらの条件を完全に満足させることはむずかしく,実際には隣接した識別時点にいくらかの干渉値を許容して設計を行う.この干渉値のことを符号間干渉という.符号間干渉は信号対雑音比(S/N)設計において信号成分 S を減少させることと等価である.

波形等化を行う場合,S/N を最大とするような波形等化関数が選定される.すでに述べたことからも明らかなように雑音の影響を少なくしようとすると等化波

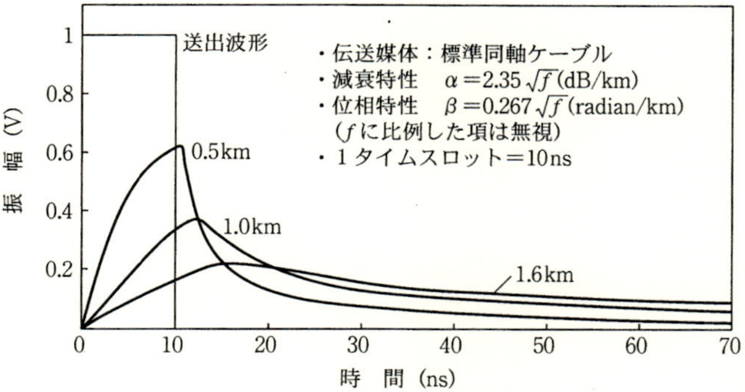

図 5.4 同軸ケーブルのパルス応答例

形の周波数スペクトルの広がりを小さくし，等化増幅すべき帯域を狭くすることが有効である．しかし，一般的には等化増幅する帯域幅を狭くすると符号間干渉は増大する傾向にあり，トータルの S/N を悪くすることになる．実際には回路の実現性も考慮して波形等化関数を選定しなければならないが，実用的な関数として波形 $r(t)$ の周波数スペクトル $R(f)$ が次式に示す full cosine roll-off 特性を有するものがよく用いられる．ここで T はパルスの繰り返し時間である．

周波数スペクトル

$$R(f)=\begin{cases}\dfrac{r_0T}{2}(1+\cos\pi Tf) & |f|\leqq\dfrac{1}{T}\\[2ex] 0 & |f|>\dfrac{1}{T}\end{cases}\tag{5.1}$$

波形応答関数

$$r(t)=\frac{r_0}{2}\frac{\sin\pi\dfrac{t}{T}}{\pi\dfrac{t}{T}}\frac{\cos\pi\dfrac{t}{T}}{1-\left(2\dfrac{t}{T}\right)^2}\tag{5.2}$$

図 5.5 に波形の周波数スペクトルが full cosine roll-off 特性の場合とその半分の帯域の標本化関数と呼ばれる特性を示す．また，それらの波形応答を図 5.6 に示す．full cosine roll-off 特性の場合，時間 T ごとに現れるパルス識別時点間の波形リップルが少なく，符号間干渉の影響を小さくできる特徴を有する．一方，標本化関数の場合には，理論的には識別時点での干渉はないが，リップルが大きいことと長い時間にわたって裾をひく特徴を有する．もし，パルスを識別するタイミング変動などがあると識別誤りを発生する可能性が大きくなる．そのため，標本化関数はパルス伝送上の理論的な限界を求める場合などに利用される．

波形等化の善し悪しを総合的に評価する方法としてアイダイヤグラムがある．

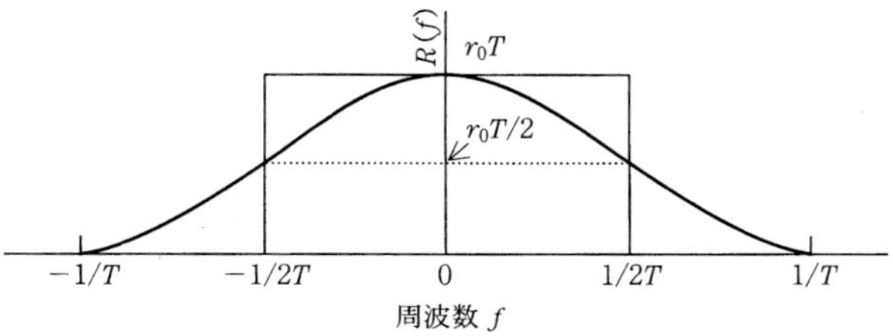

図 5.5　波形のスペクトル例

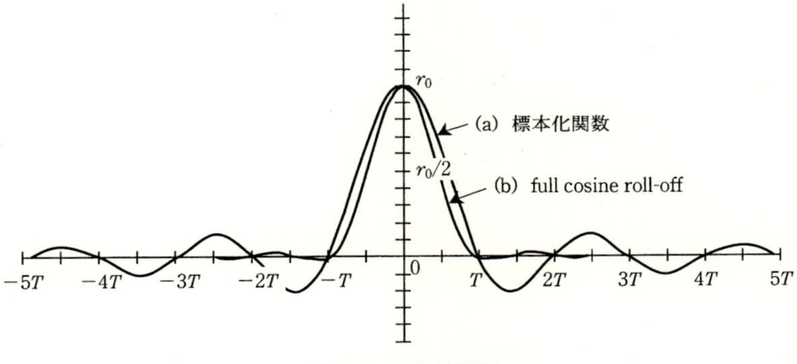

図 5.6 波形応答例

図 5.7 アイダイヤグラム
(3 値の場合)

これは，ある時点に起こりうるパルス波形のすべてを重ね合わせたものであり，実際にはオシロスコープやシンクロスコープを使って測定される．図 5.7 に 3 値符号伝送の場合の例を示す．同図において波形の重なり合わない 2 つの部分を"アイ"と呼ぶ．アイダイヤグラムの形は，伝送符号形式に依存しており，m 値伝送の場合，$(m-1)$ 個のアイができる．符号間干渉が少ないと，アイの開きは大きくなり，パルスの識別誤りに強いことを意味している．

5.3 符号誤り率とジッタ

中継伝送系の伝送特性は符号誤り率とジッタによって規定される．符号誤り率は，ディジタル情報信号の伝送途中で混入する雑音や符号間干渉の影響によってパルスが誤って識別される割合であり，一般には小さな値ほど望ましい．その許容値は伝送する情報によって異なり，音声であれば 10^{-6} 程度で問題ないが，映像伝送やコンピュータ通信では，これよりも小さな値が必要とされる．一方，パルスの時間位置揺らぎをジッタという．この値が大きいとディジタル信号からアナログ信号を復元する際にひずみを生じ，アナログ信号の品質を劣化させる原因となる．その意味では映像伝送において考慮されるべき特性といえる．また，ジッタは個々のパルスを識別する場合には，S/N 劣化の要因となる．

以下にこれら2つの特性の基本事項について述べる．

a. 符号誤り率

再生中継器の符号誤り率 P は，サービス品質から必要とされる符号誤り率を全再生中継数 N で割ったものに等しいとして決定される．たとえば2500 km の伝送モデルを考え，このトータルでの所要符号誤り率を 10^{-8} とする．標準同軸ケーブルで 400 Mb/s の伝送を行う場合を考えると再生中継距離は標準 1.5 km であり，全中継数は 1667 となる．したがって，1 再生中継器の符号誤り率 P は 6×10^{-12} となる．一方，光ファイバケーブルでは光増幅技術を使用すると 160 km の伝送が可能であり，全中継数は 16 となるため，1 再生中継器の符号誤り率 P は 6.25×10^{-10} となる．このように使用する伝送媒体によって 1 つの再生中継器に必要とされる符号誤り率は変わってくる．

次に，再生中継器に必要とされる符号誤り率と信号対雑音比との関係を求める．通常，パルスの有無の識別は，等化波形のピーク値の 1/2 にスレショールド（しきい値）を置き，等化波形の振幅値がこの値より上にあるか下にあるのかによって行われる．いま，等化波形の振幅を V_p とし，雑音の振幅分布を標準同軸ケーブルを用いた場合の熱雑音のように σ^2 の分散を有する正規分布と考える．伝送符号を“1”と“0”の 2 値とした場合，雑音の振幅分布は図 5.8 となる．雑音の振幅が，識別のために設定したスレショールドの $V_p/2$ を越えたときに符号誤りとなり，A_0(0 を 1 と誤る）と A_1(1 を 0 と誤る）の面積の和がトータルの符号誤り率 P_e を与えることになる．いま，“1”と“0”の生起確率をそれぞれ $p(1)$，$p(0)$ と

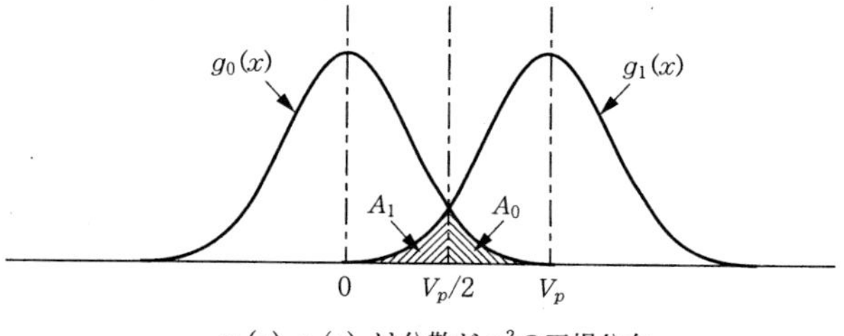

$g_0(x), g_1(x)$ は分散が σ^2 の正規分布

図 5.8　受信パルスに重畳した雑音の振幅分布

すると P_e は次式で与えられる.

$$P_e = p(0)A_0 + p(1)A_1 \tag{5.3}$$

ここで

$$A_0 = \int_{V_p/2}^{\infty} \frac{1}{\sqrt{2\pi}\,\sigma} \exp\left(-\frac{x^2}{2\sigma^2}\right) dx \tag{5.4}$$

$$A_1 = \int_{-\infty}^{-V_p/2} \frac{1}{\sqrt{2\pi}\,\sigma} \exp\left(-\frac{x^2}{2\sigma^2}\right) dx \tag{5.5}$$

通常, $p(0)=p(1)=1/2$ と考えてよいため, 式 (5.3) は次式となる.

$$P_e = \int_{V_p/2}^{\infty} \frac{1}{\sqrt{2\pi}\,\sigma} \exp\left(-\frac{x^2}{2\sigma^2}\right) dx = \frac{1}{2}\left[1-\phi\left(\frac{1}{\sqrt{2}}\cdot\frac{V_p}{2\sigma}\right)\right] \tag{5.6}$$

ここで $\phi(t)$ は誤差関数であり, 次式で与えられる.

$$\phi(t) = \frac{2}{\sqrt{\pi}} \int_0^t \exp(-u^2)\,du \tag{5.7}$$

式 (5.7) より V_p/σ と誤り率の関係を計算した結果を図 5.9 に示す. たとえば 10^{-12} の符号誤り率を得ようとすると信号対雑音比である V_p/σ は 23 dB を必要とすることがわかる. 実際には符号間干渉をはじめとする各種の劣化要因を考慮する必要があり, これよりも相当, 大きな値が得られるように設計される.

b. ジ ッ タ

ジッタには雑音などによって生じるランダム性ジッタと伝送される符号パター

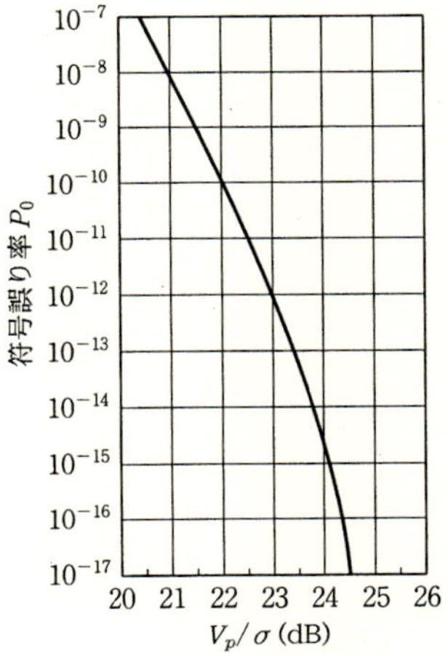

図 5.9　2 値符号の S/N 対符号誤り率特性

ンに起因して生じるパターンジッタがある．これらは中継数とともに増大する性質を有している．したがって，標準同軸ケーブルを用いたディジタル伝送のように多中継伝送される場合には考慮して設計されなければならない．

ランダム性ジッタは，N 中継後のジッタ雑音電力を Φ_{NR} とすると，次式で与えられる．

$$\Phi_{NR} \fallingdotseq \frac{N_0\sqrt{\pi N}}{Q}, \qquad Q \gg 1,\ N \gg 1 \tag{5.8}$$

ここで，N_0 は再生中継器のタイミング回路に加わるジッタ電力密度，Q はタイミング回路を構成するタンクの選択度である．現在では SAW（surface acoustic wave）フィルタがタンクとして使用されるようになり，Q の値として 800～1000 という大きな値が得られるようになっている．式 (5.8) よりランダム性ジッタの実効値（rms 値）は $N^{1/4}$ に比例して増加することとなり，中継数に対しては大きな問題とはならないことがわかる．

パターンジッタはシステマティックジッタとも呼ばれる．ジッタ発生の原因が伝送される符号パターンにあり，各再生中継器に同じ符号パターンが印加されるため，中継数に対する累積も厳しいものとなる．N 中継後のジッタ電力を Φ_{NS} とすると，中継数 $N \gg 1$ の場合，次式で与えられる．

$$\Phi_{NS} \fallingdotseq \Phi_0 \pi f_0 \frac{N}{2Q} \tag{5.9}$$

ここで，f_0 はタンクの同調周波数，Q はタンクの選択度，Φ_0 は各再生中継器での挿入ジッタの電力密度である．したがって，パターンジッタの実効値（rms 値）は中継数 N に対して $\sqrt{N}$ で増加することになり，ランダム性ジッタと違って中継数が多い場合には抑圧のための対策が必要となる．抑圧の方法としては，いろいろな手法が考えられているが，Q の値が非常に大きな位相同期発振器とエラスチックストアで構成されたジッタ抑圧器を端局中継装置に配備する方法が実際的である．

5.4 伝送符号形式とスクランブラ

ディジタル伝送では，伝送媒体の特性に適した符号形式が選択され，利用されてきた．最初に開発されたディジタル伝送方式は，伝送媒体として平衡対ケーブ

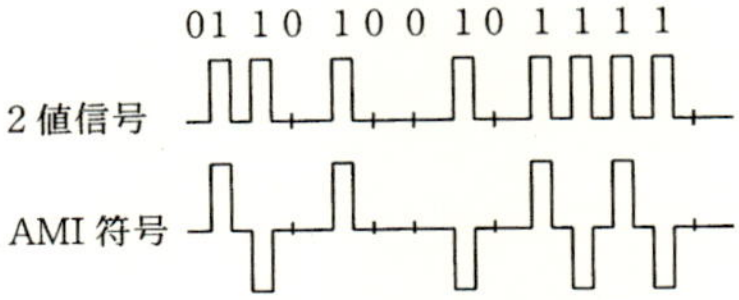

図 5.10 AMI 符号

ルを用いており，AMI（alternate mark inversion）符号が用いられた．この符号は図 5.10 に示すように，多重化された 2 値の情報信号を端局中継装置で擬似 3 値の符号に変換し，伝送路に送出する形式である．符号の変換則は，2 値信号の"1"に対してプラスとマイナスの符号を割り当て，"1"が生起するごとにプラスとマイナスの符号を交互に送出するというものである．この符号が考えられた理由はいくつかあるが，低域遮断による波形ひずみの影響を除去すること，伝送路監視が容易であること，および符号変換回路が簡単であること，である．一般に再生中継器を動作させる電力は，情報信号と同一のケーブルを通して送られる．そのため再生中継器とケーブルとの接続部分にトランスや電力分離フィルタ（PSF）が使用され，情報信号と電力の分離や重畳が行われる．そのため符号の直流成分が除去されたり，低周波成分が抑圧されることになり，低域遮断ひずみを発生する．この影響を少なくするためには，直流成分や低域の周波成分の少ない伝送符号を使用することが望ましい．AMI 符号は直流成分がなく，かつ低周波成分も少ない特徴を有する．また，伝送路の監視は情報信号を送っている状態（インサービス）で行えることが望ましい．AMI 符号では，たとえばマイナス符号を"0"と誤ると，プラス符号が 2 個続くことになり，符号変換則の乱れを検出することによって簡単に誤りの発生を監視できる．符号変換も容易であり，実用的な伝送符号として AMI が選択されたといえよう．

パルスの識別を行うタイミング情報の抽出には，伝送しているパルス列から抽出する自己タイミング方式が使用されており，零符号が連続しないことが望ましい．そのため，B 6 ZS 符号や mB 1 C 符号のような各種の零連続抑圧符号が考えられた．B 6 ZS 符号は AMI 符号における零符号連続問題を解決するものであり，表 5.1 に示すように AMI 符号列において零が 6 個連続したブロックがあると別に用意している特別な符号パターンに変換する．変換パターンは，零の連続が始まる直前のパルスの状態がプラスであるか，マイナスであるかによって異なる．その理由は，AMI 符号変換則の乱れによって特殊な符号パターンが挿入されてい

表 5.1　B 6 ZS 符号の変換表

AMI 符号	B 6 ZS 符号
−000000	−0−+0+−
+000000	+0+−0−+

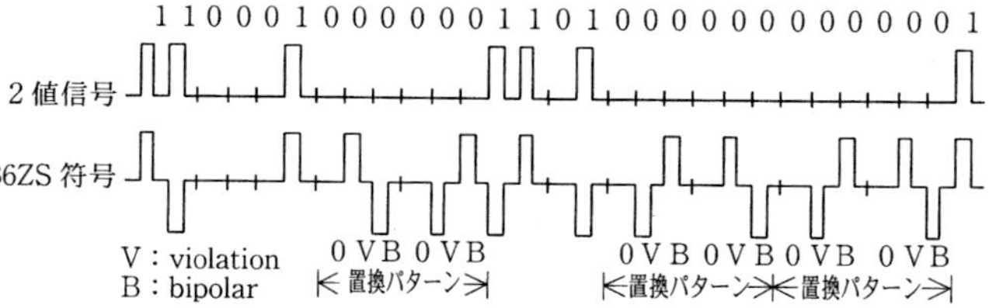

図 5.11　B 6 ZS 符号

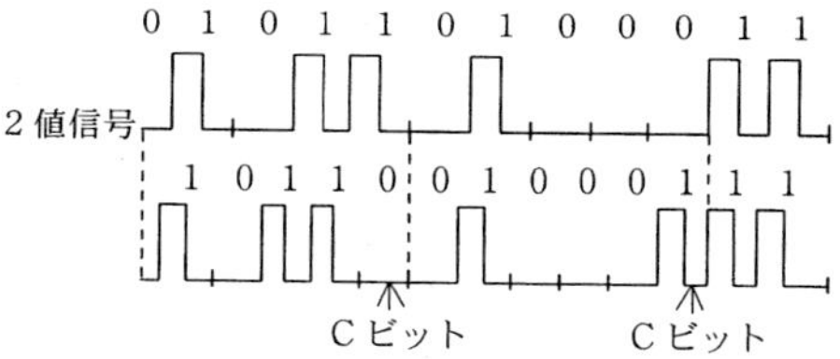

図 5.12　mB 1 C 符号（m=5）

ることを受信側で検知できるようにするためである．図 5.11 に符号変換例を示す．また，mB 1 C 符号は，m ビットごとに 1 ビットの冗長ビットを確保し，この冗長ビットに特定の情報ビットの補符号（C ビット）を挿入する形式である．$m=5$ とし，かつ C ビットとして直前の情報信号ビットの補符号を挿入する場合の例を図 5.12 に示す．$(m+1)/m$ だけの速度変換を行い，情報伝送速度を高める必要があるため，m の値としてはある程度の大きさを必要とする．光ファイバケーブルを使用した初期の光伝送方式では $m=10$ の 10 B 1 C 符号が使用された．

タイミング回路のタンクとして SAW フィルタが使用されるようになり，Q の値も 800～1000 まで高めることが可能となった．このこととタイミングジッタの抑圧の観点からもとの情報信号にスクランブラを適用しただけのスクランブル AMI 符号やスクランブルバイナリ符号が適用されるようになっている．前者はわが国の ISDN サービス用に開発された TCM 伝送方式（通称，ピンポン伝送方式）に適用され，後者は SDH（synchronous digital hierarchy）に基づく光伝送方式に適用されている．スクランブラは伝送すべき情報信号をランダム化し，伝送符号のマーク率（1の割合）を1/2にする効果を有する．すなわち，伝送符号中の零の連続数を制限することはできないが，タンクのQ値が大きくなったため，零の連続によってタイミング回路が誤動作する確率は非常に小さくなるという考え方に立っている．ディジタル伝送方式へのスクランブラの適用は，わが国からCCITT（現在のITU）に提案したものであるが，当初はヨーロッパの国々から理解を得られなかった．しかし，技術の進歩もあり1988年にCCITTで標準化されたSDHにおいては7段のスクランブラを適用することが勧告されている．

スクランブラには，図5.13に示すような自己同期型と図5.14に示すセット・リセット型の2種類がある．使用するシフトレジスタの数nによってn段スクランブラというように呼び，図の場合にはいずれも5段のスクランブラということになる．

自己同期型の特徴は，スクランブラとデスクランブラの間になんらの同期操作を必要としないことである．スクランブラ出力をデスクランブラに入力するとスクランブラする前のデータが得られる．しかし，この回路には符号誤りが拡大するという欠点がある．すなわち，スクランブラ出力が伝送され，途中の伝送路上で1ビットの符号誤りを生じたとする．これがデスクランブラに入ると，そのビットと2ディジット後，およびさらに3ディジット後に符号誤りを発生し，3ビットの符号誤りに波及する可能性がある．符号誤りの波及が大きな問題にならなけ

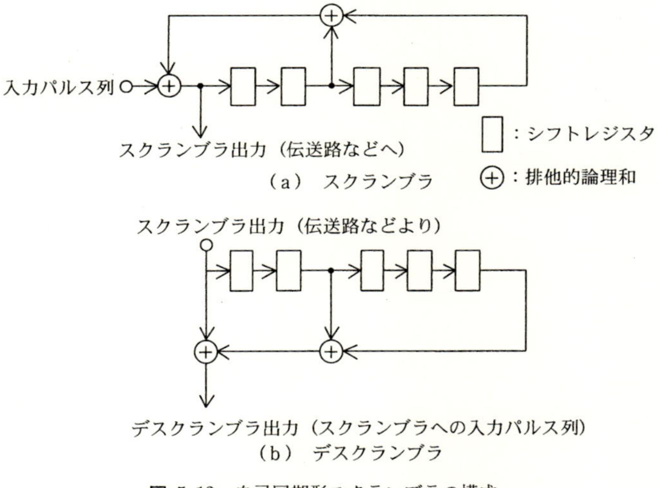

図 5.13　自己同期形スクランブラの構成

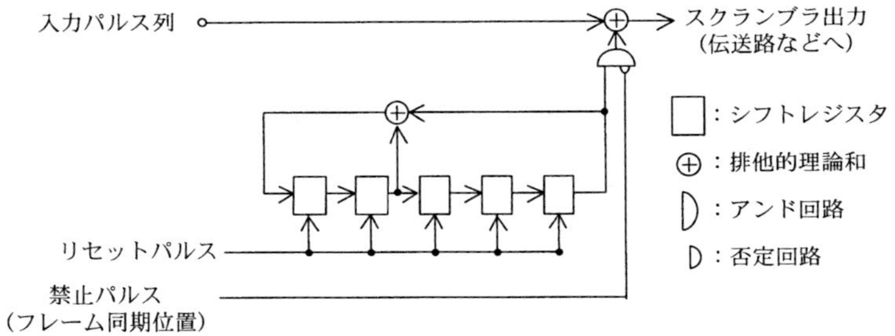

(a) スクランブラ

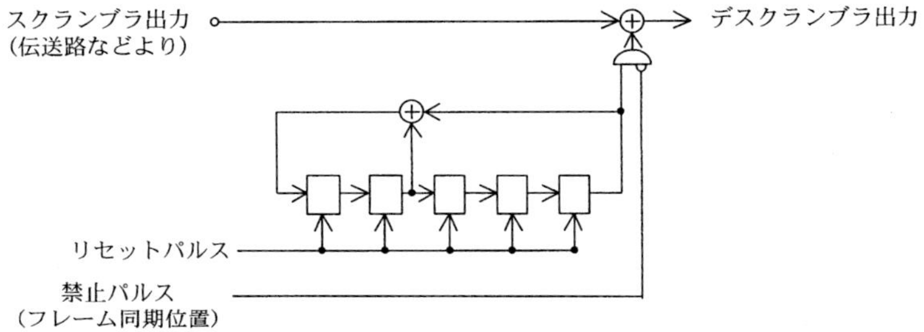

(b) デスクランブラ

図 5.14 セット・リセット型スクランブラの構成

れば，簡単で便利に利用することができる．

セット・リセット型の特徴は，スクランブラとデスクランブラの回路構成が同じであり，両回路間に同期を必要とすることである．たとえば，フレーム同期位置においてシフトレジスタをリセットし，フレーム同期信号にはスクランブラを施さないといった機能が必要である．しかし，自己同期型にみられたような符号誤りの波及といった現象は発生せず，ディジタル伝送方式にはこの形式が広く利用されている．

スクランブラの適用によるジッタの抑圧例を図 5.15 に示す．情報源として黒，灰，白の 3 色バーテレビ信号を使用し，これを 100 Mb/s のディジタル情報に符号変換して測定している．スクランブラを適用しない場合，アナログ信号の振幅レベルによって符号化パターンが変化し，ジッタ特性も大きく変動している．しかし，スクランブラを適用し，その段数を増やしていくとジッタの変動幅は少なくなり，5 段以上でほぼ一定値に収束する．この収束値がランダム信号を伝送したときのジッタ値であり，スクランブラによって符号パターンがランダム化されて

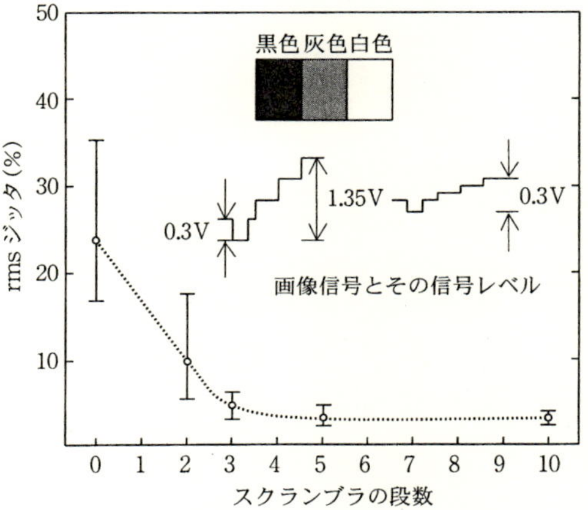

図 5.15　スクランブラによるジッタの抑圧例

いく様子をみることができる．

5.5　光ファイバケーブル

光ファイバケーブルは広帯域，低損失，細径，軽量，無誘導雑音性などの特徴を有し，ディジタル伝送，特に長距離の伝送を行う中継伝送系にとっては非常に適合性の高い伝送媒体である．そのため国内の通信ネットワークはもちろん，海底光伝送方式の開発によって世界中をつなぐ国際通信ネットワークを形成している．また，1990 年代半ばには，光ファイバ増幅器が実用化され，海底光伝送方式の経済化と伝送システムのビットフリー化が可能となり，国際通信ネットワーク構築の自由度も高まっている．さらに，波長多重技術の進歩により光ファイバの効率的使用が可能となり，1 本の光ファイバで 1 テラビットの情報を伝送することも夢ではなくなってきている．

光ファイバの材料としては，石英ガラス，多成分ガラス，およびプラスチックがある．通信用として使用されてきた光ファイバは，低損失なものが得やすく，かつ，伝送特性が安定していることから石英系ガラスによるものが用いられている．

光ファイバは，コアと呼ぶ中心層とこれをつつむクラッドと呼ぶ外層から構成されており，コアの屈折率がクラッドの屈折率よりも少し大きくなるように作ら

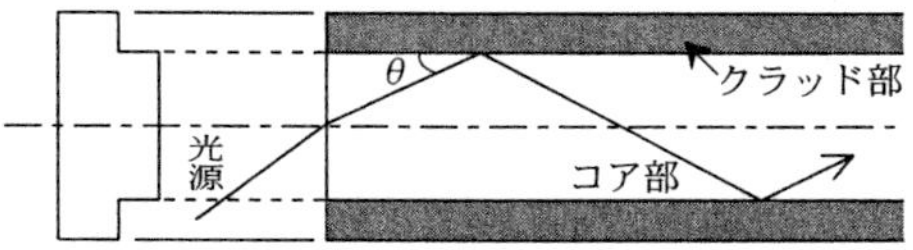

図 5.16　光ファイバ中の光の伝搬

れている．そのためコア部分に注入された光は，図 5.16 に示すようにコアとクラッドの境界面で全反射を繰り返しながら伝搬することになる．

光ファイバ中の光の伝搬の仕方には何種類かあり，それらはモードと呼ばれる．複数のモードを同時に通す光ファイバをマルチモードファイバといい，1つのモードしか通さない光ファイバをシングルモードファイバという．コアの形成の仕方によってマルチモードファイバには，ステップインデックス型とグレーデッドインデックス形と呼ぶ 2 種類がある．ステップインデックス型は，コアの屈折率分布が一定であり，モードによる伝搬遅延差が大きい．そのため図 5.17(a) に示すように送信した光信号の形状が，受信点においてなまった形に劣化し，信号同士の干渉が大きくなるために長い距離を伝送をすることができない．この欠点を解決したものがグレーデッドインデックス型である．これはコアの屈折率を中心部から外側にいくにしたがって小さくなるように構成し，図 5.17(b) に示すように各モードの到達時間がそろうように工夫している．これによってステップインデックス型と比較して，高速で長い距離の伝送が可能となる．

シングルモード光ファイバのコア径は 10 μm 程度であり，マルチモード光ファイバのコア径（50～100 μm）と比較して非常に細いことが特徴である．基本モードしか通さないためモード分散の影響がなく，長距離，超高速の伝送に適する．しかし，レーザダイオードなどの光源との結合や光ファイバ同士の接続にむずかしさがある．そのため，シングルモード光ファイバの開発当初には，もっぱら長距離伝送システム用としての利用に限定されていたが，光モジュール技術やファイバ接続技術の進歩があり，現在では加入者系にも使用されるようになっている．逆に，マルチモードファイバはコア径が大きく，光源と光ファイバとの接続は容易であるため，近距離の伝送や LAN，装置間の伝送など経済性を重視したシステム用に利用されている．

通常のシングルモード光ファイバは，コアの屈折率が一定である．この構造に

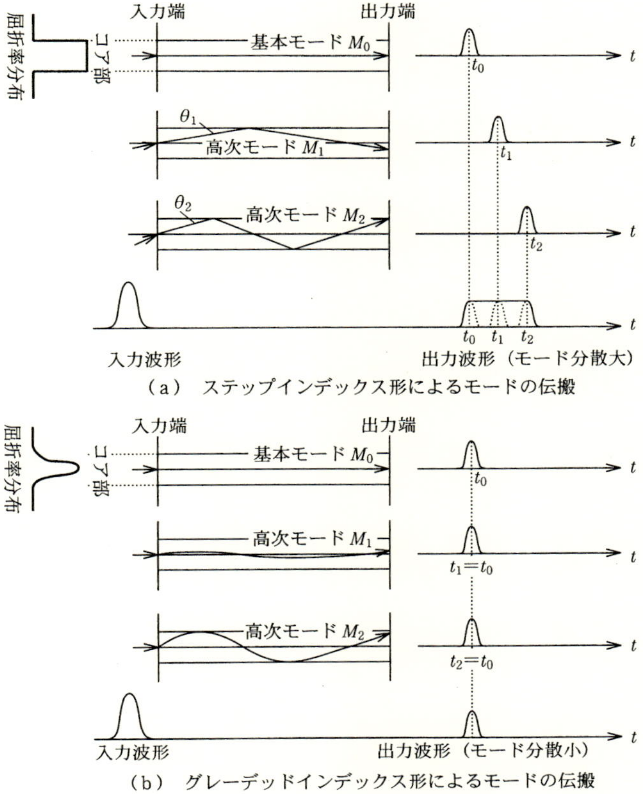

図 5.17　マルチモード光ファイバによるモードの伝搬

おいては材料分散（屈折率の波長依存性）が 1.3 μm の近傍で零となる．そのため光損失は最小ではないが，材料分散の影響を考慮して 1.3 μm の波長を使用した光伝送システムが広く利用されてきた．図 5.18 に石英系光ファイバの波長に対する光損失の関係を示す．光損失のおもな原因は，コア材料の不均一な揺らぎに起因するレーリー散乱であり，波長 λ に対して λ^{-4} に比例して減少する．したがって，波長が長くなるほど光損失は小さくなる．しかし，波長が 1.6 μm よりも長くなると格子振動による吸収が大きくなってくる．その結果，1.55 μm 近傍で光損失は最小となる．

光伝送システムを光損失最小の波長で構成しようとすると，この 1.55 μm 帯を

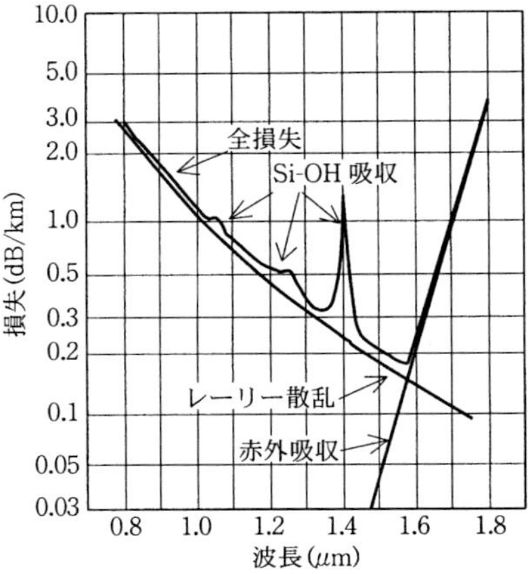

図 5.18　光ファイバの伝送損失特性

利用することになる．しかし，コアの屈折率分布が一定の光ファイバであると，材料分散の影響があり，損失よりも材料分散の影響によって伝送距離が制限されることになる．そこでコアの屈折率分布を工夫し，材料分散が 1.55 μm 近傍で零になる光ファイバ（1.5 μm 帯零分散シフトファイバと呼ばれる）が開発され，1988 年ごろから長距離区間の伝送システム用として利用されている．これによって伝送距離は 1.3 μm を用いた場合の 2 倍，80 km 伝送が可能となった．

光ファイバは，クラッドの外径が髪の毛ほどの太さである 125 μm であり，細径かつ軽量であるという特徴を有する．そのためケーブル化する場合にも，多芯化が可能であり，加入者系にも適用できる多芯ケーブルを実現できる．現状では 1000 芯を束ねた光ケーブルが使用されており，4000 芯を束ねたケーブルの開発も進められている．

演 習 問 題

（1） 再生中継器の 3 R 機能について説明せよ．

（2） 多中継伝送で問題となるジッタはランダムジッタであるかパターンジッタであるか．理由をあげて述べよ．

（3） スクランブラ出力はスクランブラに入力するパルス列のマーク率（1 の割合）にかかわらず 0.5 となる．セット・リセット形スクランブラによってこのことを証明せよ．

（4） 光ファイバ増幅器を使った伝送方式が海底光伝送方式で広く適用されている．その理由について述べよ．

（5） マルチモードファイバとシングルモードファイバについて構造上の違いを説明せよ．また，高速大容量伝送にはどちらのファイバが適するか．

参考文献

1) 井上伸雄："PCM-400 M 方式の概要"，研究実用化報告，Vol. 25，No. 1（1976）．
2) 重井芳治編著：高速 PCM，コロナ社（1975）．
3) 山下一郎，川瀬正明，太田紀久：光アクセス方式，オーム社（1993）．
4) H. Kasai, S. Senmoto, M. Matsushita : "PCM jitter suppression by scrambling", IEEE Trans. on Com., COM-22, No. 8, p. 1114（1974）．
5) 大久保勝彦：ISDN 時代の光ファイバ技術，理工学社（1989）．

6. アクセスディジタル伝送技術

家庭と電話局間を結ぶアクセス系のディジタル伝送技術について，以下の項目を学ぶ．

（1） ISDN のアクセス伝送技術．

（2） 電話線を用いた高速ディジタル伝送技術．

これらの技術は 3 章の変復調技術や 5 章のディジタル伝送技術の応用例でもある．それらの復習を兼ねて理解を深めてほしい．

6.1 アクセス系のディジタル化

ここまでに説明してきたように，電話信号はアナログであるために，電話局から各家庭までのアクセス系と呼ばれる部分の電話回線はアナログ伝送が行われている．しかし，ネットワークの中継系部分は，ディジタル化によるコストの低減化効果が大きく，かつディジタル伝送は大容量伝送に必須の技術であったために，早くからディジタル化が行われてきた．これに対して，アクセス系のディジタル化は，コスト条件が厳しいことと，ディジタル化が必要なサービスがなかったことから，企業用を別としては進んでいなかった．

CCITT（ITU-T の前身）は 1970 年代から，各家庭までのすべてのネットワークをディジタル化し，電話，データ，ファクシミリ，画像などあらゆるサービスを一元的に提供しようとする ISDN（integrated services digital network）を提唱し，1984 年に最初の勧告が作られた[1]．日本では 1988 年に INS ネット 64 という名称で NTT によりサービスが開始されている．しかし，導入当初は家庭で利用するようなディジタルサービスがなかったために，家庭での導入は進まなかった．この状況を一変させたのは，インターネットの爆発的な普及である．

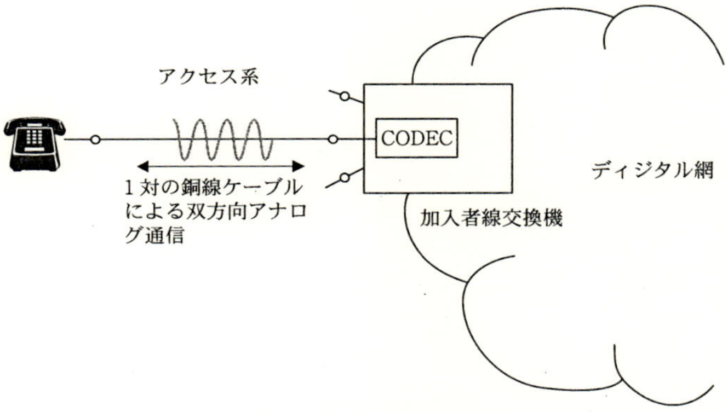

図 6.1　アナログ電話のアクセス系

アクセス系のディジタル伝送技術としては，以下のような方法がある．

① 家庭まですでに引かれている電話回線を利用したディジタル伝送

② 光ファイバを用いたディジタル伝送

③ 無線を用いたディジタル伝送

④ ケーブルテレビの回線を利用したディジタル伝送

この中で図6.1に示すように，アナログの電話に用いられている電話回線をそのまま用いて，ディジタル伝送ができれば，最も早期にかつ経済的に家庭にディジタルサービスを提供できる．そこで，本節では①の基本技術を説明する．

6.2　ISDNのアクセス伝送技術

a.　ISDNの概要

ISDNはあらゆるサービスをディジタルネットワークで提供することに特徴があるが，利用者にとっての便利さは，図6.2のように，各種のサービスを一つのインタフェースで，かつ複数のサービスを同時に利用できることである[2)]．

情報を運ぶ器はチャネル（channel）と呼ばれる．ISDNでは表6.1に示すように，おもに主情報を運ぶためのBチャネル，Hチャネルと，電話の接続信号のようなシグナリング情報を運ぶためのDチャネルが定義されている．

ISDNのサービスとしては利用形態と経済性を考慮して，2種類が標準化されている．

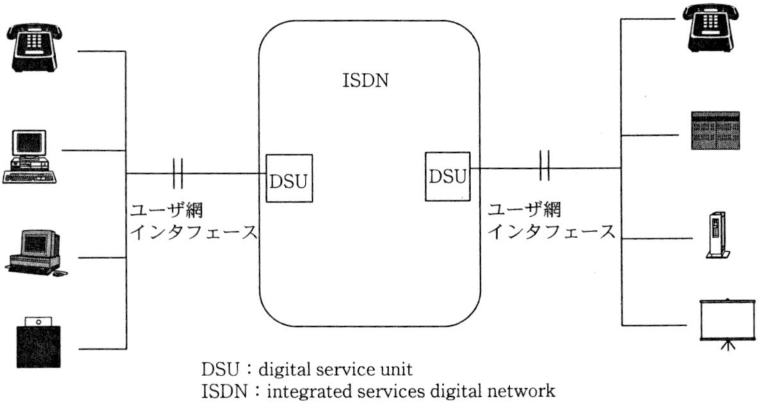

図 6.2　ISDN のイメージ

表 6.1　ISDN ユーザ網インタフェースのチャネルタイプ

<table>
<tr><th colspan="3">チャネルタイプ</th><th>チャネル速度</th><th>使用法</th></tr>
<tr><td colspan="3">B</td><td>64 kb/s</td><td>・回線交換/パケット交換/専用線サービスのユーザ情報転送用</td></tr>
<tr><td colspan="3">D</td><td>16 kb/s，64 kb/s</td><td>・シグナリング情報の転送用
・パケット通信に利用可能</td></tr>
<tr><td rowspan="3">H</td><td colspan="2">H 0</td><td>384 kb/s</td><td rowspan="3">・回線交換/パケット交換/専用線サービスのユーザ情報転送用</td></tr>
<tr><td rowspan="2">H 1</td><td>H 11</td><td>1.536 Mb/s</td></tr>
<tr><td>H 12</td><td>1.920 Mb/s</td></tr>
</table>

（1）　ベーシックアクセスサービス

電話 2 回線分に相当するインタフェースによるサービスであり，2 B+D（B は情報を運ぶチャネルで 64 kb/s，D は信号チャネルで 16 kb/s）の構造を持つ．近年インターネットの普及があり，アナログの電話に代わる高速通信用のサービスとして家庭にも普及し始めている．家庭に引かれた 1 対の電話用の銅線ケーブルをそのまま利用してサービスが提供できる．

（2）　1 次群アクセスサービス

4 章で説明した 1 次群伝送方式と同じ速度を持ったインタフェースによるサービスである．北アメリカや日本では 1.544 Mb/s インタフェースが用いられ，23 ないし 24 回線分の 64 kb/s サービス（23 B+D または 24 B：B は 64 kb/s，D は 64

kb/s）あるいは高速サービス（たとえば H 11）が提供される．これに対して，ヨーロッパでは 2.048 Mb/s インタフェースが用いられ，30 回線分の 64 kb/s サービス（30 B+D）あるいは高速サービス（H 12+D）が提供される．

日本ではアクセス伝送方式としては光ファイバケーブルが用いられている．

以下，ベーシックアクセスサービス用のアクセスディジタル伝送技術を説明する．

b. ベーシックアクセスサービス用アクセス伝送方式

アクセス伝送方式は，図 6.3 に示すように，家庭などに置かれた DSU (digital service unit) と電話局とを結ぶディジタル伝送方式のことである[3]．DSU はアクセス伝送路を終端し，国際標準で定義されているユーザ網インタフェースに合った信号に変換する機能を持つ．また，TA (terminal adapter) は，既存の電話機やパーソナルコンピュータなどの端末機器が持つインタフェースを，標準のユーザ網インタフェースに変換する機能を持った機器のことである．

ベーシックアクセスは電話の利用者に，経済的に，かつ即座にサービスを提供できることを狙いとしている．そこで，電話で用いている銅線の 2 線式加入者線ケーブルをそのまま用いて，双方向のディジタル通信を可能とする新しい伝送技術が必須であった．その結果，エコーキャンセラー (ECH : echo cancellation) 伝送方式[4] と，時間圧縮多重（TCM : time compression multiplexing）伝送方式[5] の 2 種類が世界で開発された．日本では国内の電話ケーブルとの整合に優れ

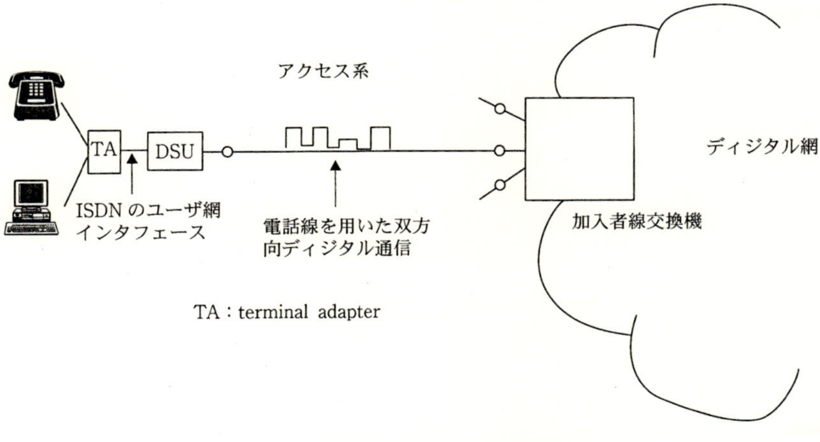

図 6.3 ISDN によるディジタル通信

た TCM 方式が用いられ，欧米ではエコーキャンセラー伝送方式が用いられている[6].

（1） エコーキャンセラー伝送方式

エコーキャンセラー伝送方式はアナログ電話と同様に，ハイブリッド回路（平衡回路網)により，2 線ケーブルで双方向通信を可能とする方式である．構成図を図 6.4 に示す．ケーブルのインピーダンスとハイブリッド回路の終端インピーダンスが完全に整合できれば，ハイブリッド回路で上り信号と下り信号を完全に分離でき，双方向通信が可能である．しかし，広帯域を必要とするディジタル信号に対して，理想的なハイブリッド回路を実現することは困難であり，ハイブリッド回路で送信信号の受信回路への回り込みが生ずる．そこで，エコーキャンセラーを用いて，送信回路から受信回路に回り込んだ信号を除去する．

エコーキャンセラー伝送方式は，ユーザ網インタフェースの信号をそのままの速度で伝送できるので，アクセス伝送方式としてさらに伝送速度を増加させなくてすむ．しかし，それでも近端漏話の影響で伝送距離に制限を受けるため，伝送路符号として多値符号を使用し，伝送速度を下げ伝送帯域を減らす工夫がなされている．

伝送路符号として，2 値（0 と 1）2 ビットを 4 値符号（+3，+1，−1，−3）に変換する，2 B 1 Q（2 binary to 1 quaternary conversion）を用いる方式[7]と，2 値 4 ビットを 3 タイムスロットの 3 値符号（+，0，−）に変換する 4 B 3 T（4 binary to 3 ternary conversion）を利用した方式とが実用に供されている．2 B 1 Q 符号は図 6.5 に示すように，2 値信号を 2 ビットごとに組にして，1 つの 4 値信号に変換するので，伝送路上の速度を原信号の 1/2 にできる利点がある．4 B 3 T 符号は 2 値信号を 4 ビットごとに組にして，ある規則にしたがって元の信号の 3

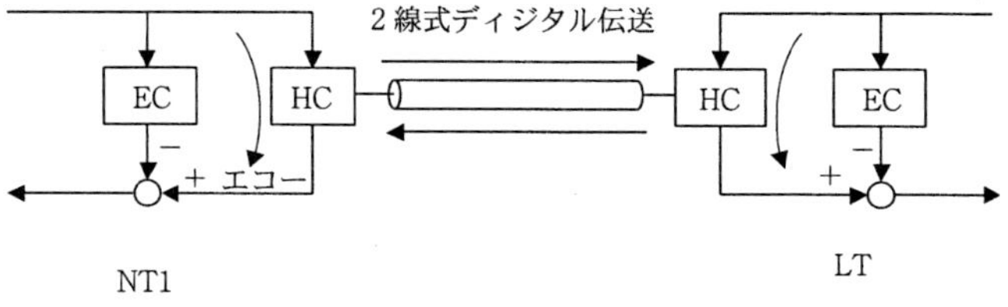

EC：echo cancellor
HB：hybrid

図 6.4 エコーキャンセラー方式

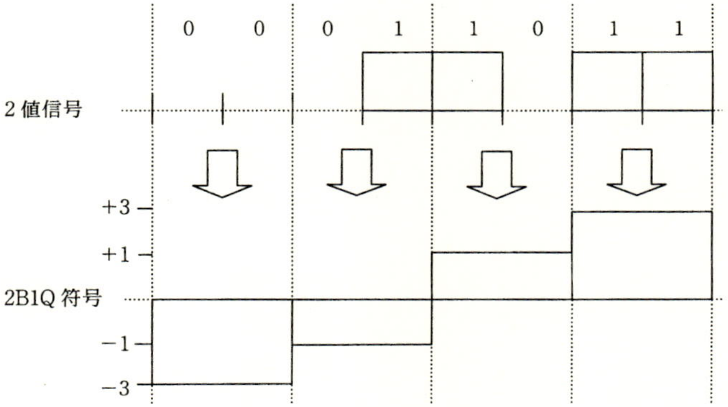

図 6.5 2B1Q符号

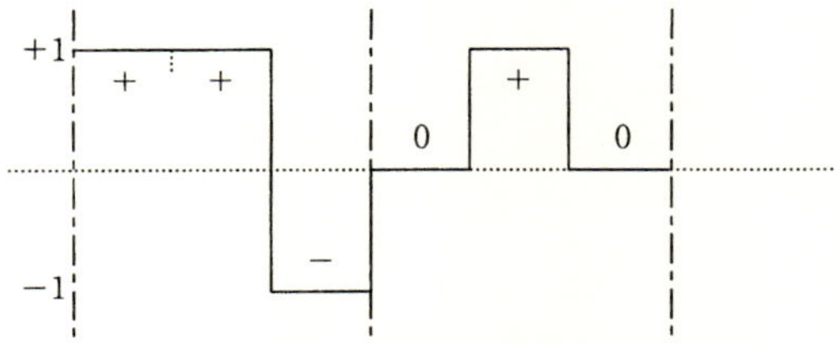

図 6.6 4B3T符号の例

タイムスロット分の符号に変換する．一例を図6.6に示す．したがって，伝送路上の速度は原信号の3/4である．

実際の伝送路上の信号は，2B+D信号のほかにフレーム同期信号や保守情報が加わり，情報量は160kb/sである．2B1Q方式は，伝送路速度が原信号の2分の1になるので，伝送路上の速度は80kbaudである．また，4B3T方式は，伝送路上の速度は原情報量の3/4になるので，120kbaudである．

（2） 時間圧縮多重化伝送方式

日本で用いられている伝送方式であり，ピンポン伝送方式ともいわれる．本方式は，図6.7に示すように信号をある周期単位でバッファメモリに蓄え，速度変換を行い2倍以上の速度で読み出し，上り信号と下り信号を時間ごとに区切って伝送することにより，双方向ディジタル伝送を可能とした方式である[8)]．

伝送路上は図6.8に示すように，2.5ms単位に上り信号と下り信号を切り替え

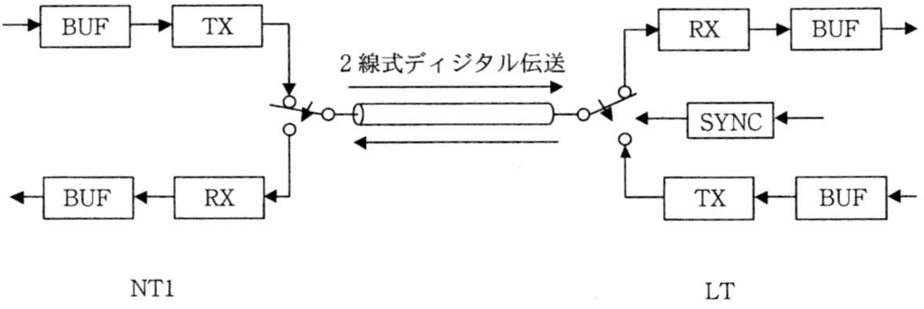

TX：transmitter
RX：receiver
BUF：buffer
SYNC：burst synchronization

図 6.7　TCM 方式

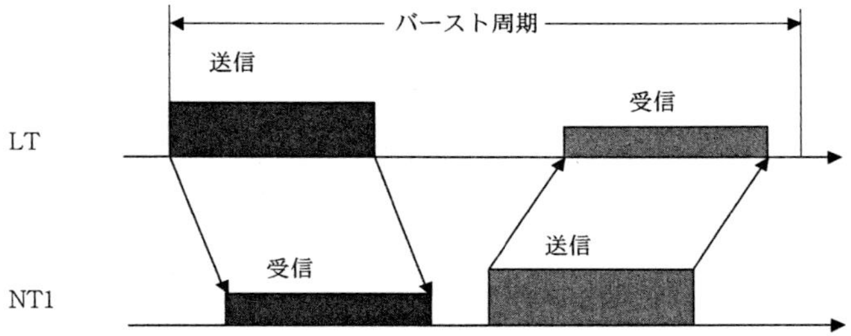

図 6.8　TCM 方式の原理

て送る. 2 B+D とフレーム同期信号, 保守用信号およびパリティが 1.178 ms のフレームを構成する. これに, ガード時間を入れて 2.5 ms となる. 伝送路上の速度は 320 kbaud である.

同一ケーブル内のすべての信号に対して, 局から NT へ送出するバースト信号と NT から局へ送出するバースト信号の位相を合わせることにより, 近端漏話の影響をなくし, 伝送距離を伸ばせることが特徴である. また, エコーキャンセラーなどが不要であり回路的にも簡単である.

伝送路符号には回路構成の簡単な AMI (alternate mark inversion) を用いている. AMI 符号は図 6.9 に示すように, 2 値信号の“0”はゼロ符号に, “1”は+1 または−1 符号に変換されるが, このとき, +1 と−1 が交互に現れるように符号化される.

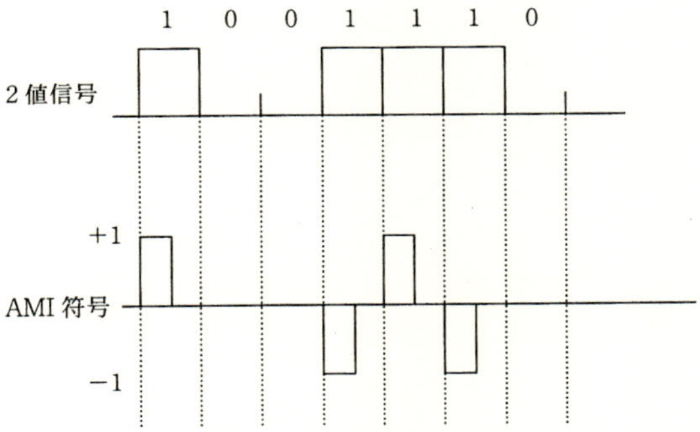

図 6.9 AMI 符号の例

6.3 xDSL 技術

xDSL（digital subscriber line）とは電話線を用いて，ISDN のベーシックアクセスよりも高速な，数百 kb/s から数十 Mb/s クラスの高速データ信号の伝送を行うためのアクセス伝送方式を総称している．表 6.2 のように，複数の方式があり，それぞれの頭文字を用いて，ADSL（asymmetric digital subscriber line）や HDSL（high-bit-rate digital subscriber line）などと呼ばれる[9]．

家庭に高速のインターネットを実現することで注目を集めている方式は，上り（家庭から電話局方向）は数 10 kb/s～数 100 kb/s，下り（電話局から家庭方向）

表 6.2 xDSL の各種方式

<table>
<tr><th></th><th>下り伝送速度</th><th>上り伝送速度</th><th>伝送距離</th><th>線　数</th><th>変調方式</th></tr>
<tr><td>ADSL</td><td>1.5～8 Mb/s</td><td>64～640 kb/s</td><td>5.5 km
（下り 1.5 Mb/s）</td><td>1 対</td><td>CAP/DMT</td></tr>
<tr><td>HDSL</td><td>1.5 Mb/s/2 Mb/s</td><td>1.5 Mb/s/2 Mb/s</td><td>4 km</td><td>2 対ないし 3 対</td><td>2 B 1 Q</td></tr>
<tr><td>SDSL</td><td>768 kb/s</td><td>768 kb/s</td><td>3.7 km</td><td>1 対</td><td>2 B 1 Q</td></tr>
<tr><td rowspan="4">VDSL</td><td>13 Mb/s</td><td>13 Mb/s</td><td>1 km</td><td rowspan="4">1 対</td><td rowspan="4">多数の提案があり検討中</td></tr>
<tr><td>26 Mb/s</td><td>26 Mb/s</td><td>300 m</td></tr>
<tr><td>26 Mb/s</td><td rowspan="2">1.5 Mb/s</td><td>1 km</td></tr>
<tr><td>52 Mb/s</td><td>300 m</td></tr>
</table>

ADSL : asymmetric DSL, HDSL : high-bit-rate DSL, SDSL : symmetric DSL, VDSL : very-high-speed DSL

は Mb/s クラスを実現する ADSL である[10]. 電話は最高周波数が 4 kHz のアナログ信号である. しかし, 家庭にまで引かれている銅線ケーブルの周波数特性は, 4 kHz よりも高周波領域でも使用することができる. ADSL は図 6.10 に示したように, データ信号を変調し, 電話信号と周波数多重して伝送する方式である. データ信号に対する周波数配置としては, 上り信号の周波数帯域と下り信号の周波数帯域が分離されている方式と, 両者が一部重なる方式がある. 後者の場合には, 上り信号と下り信号を分離するために, ISDN のベーシックアクセスと同様にエコーキャンセラーを用いる. 電話局では, 交換機の前で電話信号と, 変調されたデータ信号を分離し, データ信号の復調を行ってディジタル信号に戻し, ネットワーク内はディジタル伝送される.

ADSL の変調方式としては, CAP（carrierless amplitude phase modulation）と DMT（discrete multitone）の 2 方式が用いられている[11]. 両者とも電話用モデムにも用いられている直交振幅変調（QAM）を基本とした方式である.

CAP 方式は QAM 方式と同様に 1 つの変調周波数により変調される. QAM はデータを 2 つに分割し, これらに sin/cos を乗じた後, アナログ領域で加算を行い伝送信号を作る方式である. これに対して, CAP はこれらの処理をディジタル的に行う点が異なる. すなわち, データを 2 つに分割し, これらを振幅特性は同じで, 位相応答が $\pi/2$ 異なる 2 つの帯域通過型ディジタルフィルタに入力し, その後 D/A 変換器でアナログ信号に戻して伝送信号を得る方式である[12]. したがって, 特性は QAM と同一である.

DMT 方式は, 帯域を N 個に分割し, N 個のサブチャネルを用いて高速データ

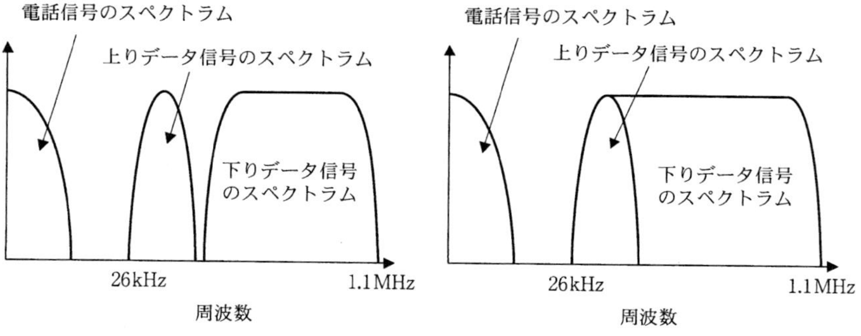

（a） 上りと下りの周波数帯域が異なる方式　（b） 上りと下りの周波数帯域が重なる方式

図 6.10 ADSL の原理

を並列伝送する方式である．各帯域は 4kHz に設定され，それぞれの中心周波数で QAM 変調を行う．このため multitone という名称で呼ばれる．DMT では各サブチャネルごとに変調を行う必要はなく，高速フーリエ変換（FFT：fast fourier transform）により，全体を一括して変調を行うことができる[11]．

HDSL は 1 対の電話線で 800 kb/s 程度のデータ伝送を行い，これを 2 対用いることにより 1.5 Mb/s 信号の伝送を可能とした方式である．ヨーロッパの 2 Mb/s の信号は 3 対の電話線を用いるか，あるいは 1 対当たりの伝送速度を高め，2 対が用いられる[13]．伝送は 2 B 1 Q 符号が用いられる．

VDSL は電話線を用いてさらに高速のデータ信号を伝送しようとするものであり，変調方式として DMT とピンポン伝送を組み合わせた方式（SDMT：synchronized DMT）や CAP 方式が検討されている[14]．

xDSL には，変復調技術，等化技術，誤り訂正技術などの高度なディジタル伝送技術と，ディジタル信号処理技術が核技術として用いられている．

演習問題

（1） エコーキャンセラー方式，TCM 方式ともに 1 対のケーブルで双方向通信が可能である．おのおの双方向通信の原理を説明せよ．

（2） ディジタル信号列“01111100”の 2 B 1 Q 信号波形を示せ．

（3） ディジタル信号列“01111100”の AMI 信号波形を示せ．

（4） xDSL 技術にはどのような方式があるか．各方式と特徴を述べよ．

参考文献

1） 沖見勝也，加納貞彦，井上友二，村上英世編著：新版 ISDN，電気通信協会（1995）．

2） 加納貞彦，河西宏之：“ISDN ユーザ・網インタフェース—ねらいと基本構成”，通研実報，Vol. 36, No. 1, pp. 1-8（1987）．

3） 小宮菱一，真野文雄，山野誠一，雲崎清美：ディジタルアクセス方式，オーム社（1993）．

4） N. A. M. Verhoeckx, H. C. Elzen, F. A. M. Snijders and P. J. Gerwen：“Digital echo cancelation for baseband data transmission”, IEEE Trans. Acoust. Speech & Signal Process., Vol. 27, No. 6, pp. 768-781（1979）．

5） N. Inoue, R. Komiya and Y. Inoue：“Time shared two-wire digital subscriber transmission system and its application to the digital telephone set”, IEEE Trans. Commun., Vol. 29, No. 11, pp. 1565-1572（1981）．

6） 小宮菱一，真野文雄：“ディジタル加入者線伝送方式の国際標準化動向”，信学誌，Vol. 71, No. 6, pp. 586-592（1988）．

7) P. F. Adams, S. A. Cox, R. B. P. Carpenter and N. G. Cole: "A long reach digital subscriber loop tranceiver", IEEE GLOBECOM' 86, 2. 1. 1, pp. 201-205 (1986).

8) S. Yamano, K. Kumozaki and F. Mano: "Design philosophy and performance for ISDN basic access digital subscriber loops", IEEE ICC' 87, 18. 1.1, pp. 591-595 (1987).

9) G. T. Hawley: "Systems considerations for the use of xDSL technology for data access", IEEE Commnunications Magazine, Vol. 35, No. 3, pp. 56-60 (1997).

10) K. Maxwell: "Asymmetric digital subscriber line: Interim technology for the next forty years", IEEE Communication Magazine, Vol. 34, No. 10, pp. 100-106 (1996).

11) B. R. Saltzberg: "Comparison of single-carrier and multitone digital modulation for ADSL applications", IEEE Communication Magazine, Vol. 36, No. 11, pp. 114-121 (1998).

12) S. B. Weinstein and P. M. Ebert: "Data transmission by frequency division multiplexing using the Discrete Fourier Transform", IEEE Trans. Commun., Vol. 19, No. 5, pp. 628-634 (1971).

13) G. Baker: "High-bit-rate digital subscriber lines", IEE Electronics & Commun. Engineering J., Vol. 55, pp. 279-283 (1993).

14) J. M. Cioffi, V. Oksman, J. Werner, T. Pollet, P. M. P. Spruyt, J. S. Chow and K. S. Jacobsen: "Very-high-speed digital subscriber lines", IEEE Communication Magazine, Vol. 37, No. 4, pp. 72-79 (1999).

7. 光伝送システム

高速で大容量のサービスを低コストで実現するためのキーである光ファイバを用いた伝送システムの基本を学ぶ.

（1） 光伝送システムを構成する各要素技術.

（2） 現在のネットワークで使用されているシステム技術.

ディジタル伝送技術は5章で学んでいるので，本章では光に特有な事項を中心として，伝送技術に関する理解を深めてほしい.

7.1 光伝送システムの基本要素[1,2)]

光ファイバを用いたディジタル伝送システムは，図7.1に示すような構成である．伝送路終端装置において発光素子により電気信号を光信号に変換する．発光素子としては長距離通信システムでは通常半導体レーザ（LD：laser diode）が用いられる．光信号への変換方式としては，図7.2に示すように，ディジタル信号

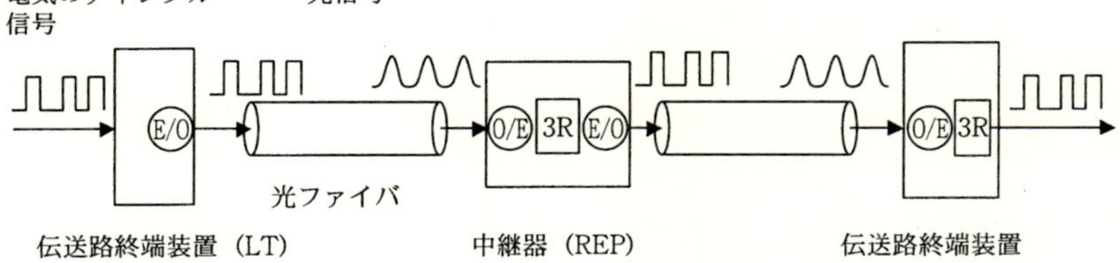

E/O：電気-光変換器
O/E：光-電気変換器
3R：等化増幅，識別再生，タイミング

図 7.1 光伝送システムの構成

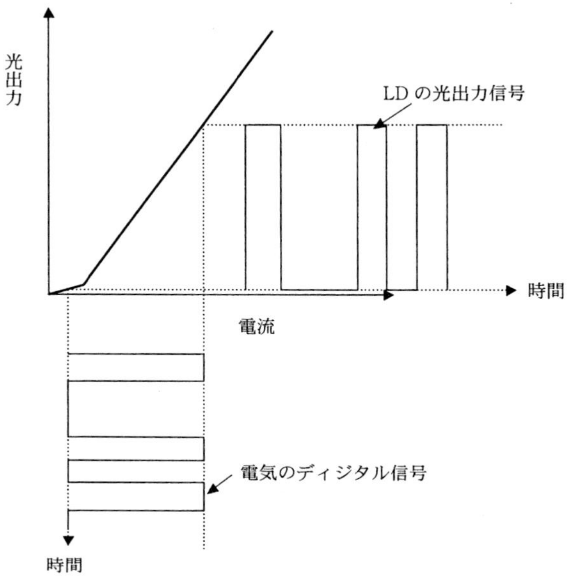

図 7.2　半導体レーザによる光強度変調

の“1”，“0”に対して光レベルを“on”，“off”する強度変調（IM : intensity modulation）が用いられる．

受信端では受光素子により，電気信号に変換された後，5章で説明した等化増幅，識別，再生の3R機能によりもとのディジタル信号に再生される．受光素子としては，フォトダイオード（PD : photo diode）およびアバランシェフォトダイオード（APD : avalanche photo diode）が用いられる．

光信号は伝送されるにしたがい波形がひずむ．長距離伝送においては，ひずんだ光波形を正確な波形に再生するために再生中継器が用いられる．再生中継器では光信号を電気信号に変換し，3R機能により正しいパルス波形に戻し，再び光信号に変換して送信する．

光ファイバは同軸などと比べると非常に低損失で広帯域の周波数特性を持つ伝送媒体であるために，光ファイバ伝送方式は以下のような特徴を持つ．

① 伝送距離を長くできるので中継器の個数を削減できる．同軸伝送方式は中継器間隔が数km以下であったが，光ファイバ伝送方式は40～80km以上が可能である．

② 高速なディジタル信号を伝送できるので，多重化度を上げることができる．

以上の特徴により，光ファイバ伝送方式はビット当たりの伝送コストが同軸伝送方式などに比べて非常に低くなった．

7.1.1 電気と光信号の変換

a. 発光素子

半導体レーザの発光原理を説明する．通常，電子はエネルギーの低い価電子帯に多く存在している．外部から光が入力されると，図 7.3 に示すように，吸収と誘導放出の 2 つの遷移が考えられる．

入力電気信号を注入することにより発生する自然放出光が，外部から入力される光に相当する．誘導放出が勝ると，自然放出光は増幅され，図 7.4(a) に示すように，両端の鏡の間を往復する．往復の途中で吸収や反射鏡での透過などで失われるエネルギーよりも，誘導放出で増幅されるエネルギーが大きくなった時点で発振が起こる．これがレーザ光である．このような半導体レーザをファブリ-ペロー型レーザ（FP-LD：fabry-perot laser diode）という．FP-LD は図 7.4(a) に示すように，スペクトラムが広がっている．このために光ファイバを伝送中にパルスが広がってしまうために，超高速光伝送システムには適さない．実際には，150 Mb/s 程度以下の中低速の光伝送システムに用いられている．

超高速光伝送システムの発光素子としては，図 7.4(b) の分布帰還型レーザ（DFB-LD：distributed feedback LD）が用いられる．活性層の近くに波状の回折格子を設けることにより，特定の波長の光だけが強く反射され，単一波長の発振が得られる．

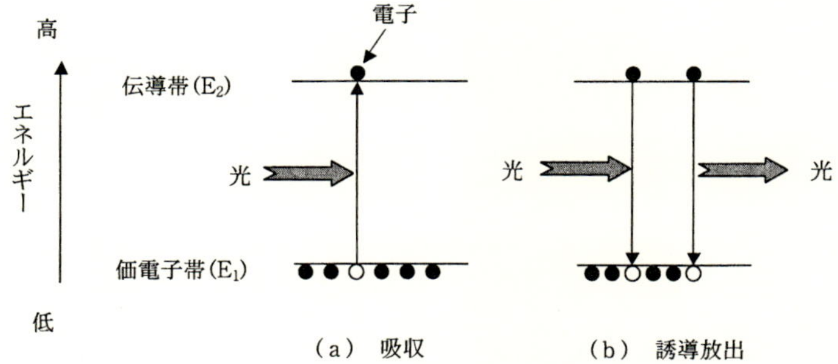

図 7.3 半導体レーザの発光の原理

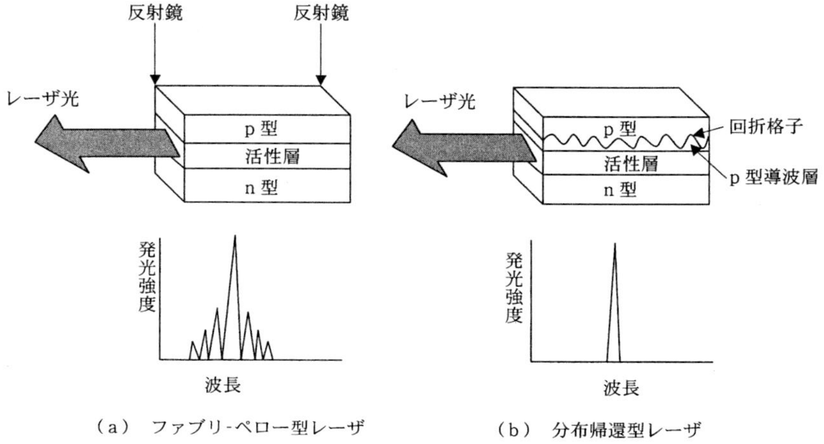

図 7.4　レーザの構成

使用される波長帯は，光ファイバの光損失が極小となる 1.3 μm 帯と 1.55 μm 帯である．発光素子の材料としては，この波長帯で発光現象が得られる，インジウム，ガリウム，ヒ素，およびリンの化合物である InGaAsP がおもに用いられている．

b.　受光素子

光を電気に変換する受光素子は，発光素子と同じく半導体でできている．受光素子として，PD の代表的な素子である pin フォトダイオード（pin-PD：pin photo diode）と APD（avalanche photo diode）の 2 種類が用いられている．

pin-PD は図 7.5 に示すように，pn 接合部の間に不純物濃度の非常に低い i 層を設け，空間電界領域を広げ，効率よく光電流が流れるようにしている．i 層に光を照射すると，電子と正孔が生成される．外部からの印加電圧により，それぞれが n 層，p 層に移動し，光電流が発生する．pin-PD は経済的であり低速の簡易なシステムに適している．さらに近年は，雑音が少ない点を生かし，光増幅器と組み合わせて超高速通信システムにも用いられるようになっている．

APD は pin-PD よりも非常に高い印加電圧をかける必要がある．高い電圧をかけると，空間電界中の電子は走行中に大きなエネルギーを得る．この電子が結晶格子と衝突し，新たに電子-正孔対が発生する．この連鎖反応により，非常に大きな光電流が発生する．これをアバランシェ（なだれ）増幅という．APD は受光感

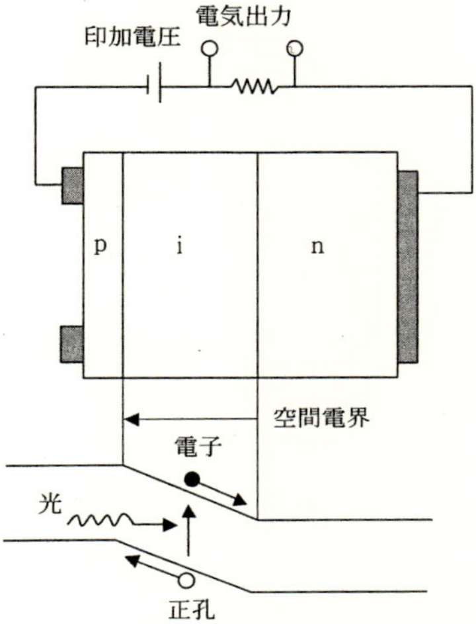

図 7.5 pin フォトダイオードの原理

度が高いので，大部分の長距離通信システムで用いられている．

受光素子の材料としては，ゲルマニウム（Ge）や，さらに受光感度のよい半導体化合物（InGaAs）が使用されている．

7.1.2 シングルモードファイバによる光信号の伝搬

光ファイバによるディジタル信号の伝送は，図 7.1 に示したように光パルス信号の伝送である．ディジタル伝送システムの重要なパラメータである，伝送距離と帯域は伝送媒体の特性により支配される．光パルス伝送に対して制限を与えるシングルモードファイバのパラメータは，損失と分散である（5 章参照）．

a. 損失の影響

光伝送系の損失により光信号のレベルが低下する．損失の要因としては，光ファイバケーブルによる伝搬損失，光コネクタでの損失，光コネクタでの反射などである．長距離伝送において支配的な要因は伝搬損失であり，1.55 μm 帯のシングルモードファイバで，1 km 当たり 0.2〜0.25 dB である．光受信器での入力光レベルが低下すると，符号誤りを発生する．ディジタル伝送においては，符号誤りを一定値以下に抑える必要があるので，伝送できる距離に制限がでる．

（1）　符号誤り特性

ディジタル伝送システムの重要な品質指標は，伝送途中での符号誤りである．5.2 節で説明したように，符号誤りは雑音により発生する．光伝送系における雑音は大部分受光回路で発生する．おもな雑音は，受光素子で発生するショット雑音と増幅器で発生する熱雑音である．

ショット雑音は電子が時間的，空間的に不規則に励振されるために生じる光電流の揺らぎによって発生し，光伝送システムに特有な雑音である．ショット雑音，熱雑音とも周波数に依存しない（白雑音）特性を有するが，ショット雑音電力は光信号電力に比例するという特徴を持つ．このため，図 7.6 に示すように雑音分布はマーク時（パルスあり：S_1）の方がスペース時（パルスなし：S_0）よりも，振幅分布が広がる．そこで，符号誤りを最小とする最適識別点は，熱雑音だけのときより小さい値となる．

信号対雑音比 $(S/N)\,x$(dB) と符号誤り率 ε の関係は次式で求められる[2]．

$$\varepsilon=\frac{1}{\sqrt{2\pi}}\int_{\frac{1}{2}10^{x/20}}^{\infty}\exp\left(-\frac{t^2}{2}\right)dt \tag{7.1}$$

計算した結果を図 7.7 に示す．S/N 劣化要因としては雑音のほかに符号間干渉などがあり，符号間干渉を少なくするため，電気信号に変換した後の 3 R 受信回路のなかの等化器では full-cosine roll-off 特性などが使用される．

（2）　最小受光感度

入力受光レベルが低くなると，S/N が悪くなり，符号誤り率が増加する．光受信回路で信号光とは無関係に流れる電流（暗電流）を無視し，理想的な受信系を仮定すると，$S/N=x$(dB) は次式で計算できる[2]．

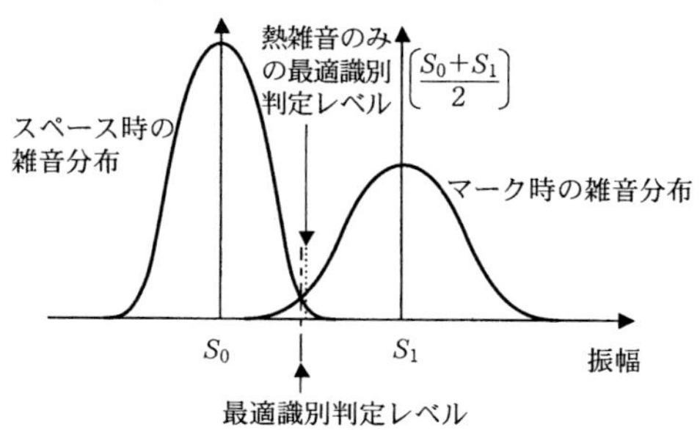

図 7.6　光伝送系の雑音分布と識別判定

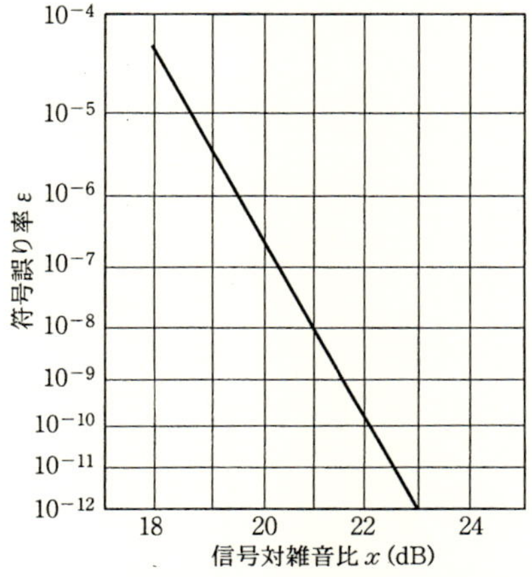

図 7.7　信号対雑音比と符号誤り率の関係

$$x=10\log\left(\frac{\left(\frac{e\eta}{h\nu}P_s\langle M\rangle\right)^2}{\left(\sqrt{e\frac{e\eta}{h\nu}P_s\langle M^2\rangle+\frac{2kT_a}{R_l}}+\sqrt{\frac{2kT_a}{R_l}}\right)^2\frac{B}{4}}\right) \tag{7.2}$$

ここで，e：電荷素量（1.6×10^{-19}C）

η：光検波器の量子効率

ν：光信号周波数（Hz）（$\nu\cdot\lambda=c$（光速度：3×10^8m/s，λ は波長（m））

h：プランク定数（6.626×10^{-34}J・S）

T_a：絶対温度（通常 300 K）

R_l：光検波器の負荷抵抗（Ω）

P_s：マーク信号の平均受光電力（W）

M：電流増倍率．PD では $\langle M\rangle=1$．

APD では $\langle M^2\rangle=\langle M\rangle^{2+x}$，$x$ は過剰雑音指数で通常 0.2～1.0，M は通常 10～100 程度

B：ディジタル信号速度（b/s）

式 (7.1) で符号誤り率を与えると，S/N が求められるので，これを式 (7.2) に代入することにより，マーク信号の平均受光電力 P_s が求められる．マーク信号とスペース信号の平均値を平均受光電力 $P_{\rm av}$ とすれば，

$$P_{\rm av}=\frac{P_s}{2} \tag{7.3}$$

である．システムで必要とする符号誤り率を実現するために必要な平均受光電力を最小受光感度 P_{in} という．

一方，光送信レベルと最小受光感度が決まると，最大伝送距離（最大中継器間隔）が決まる．光送受信レベルは次の関係を満たすように設計される．

$$P_t\,(\text{dBm}) = P_r\,(\text{dBm}) + L\,(\text{dB}) + P_e\,(\text{dB}) \tag{7.4}$$

ここで，P_t：送信器の光出力レベル

P_r：受信器での光入力レベルであり，$P_r \geqq P_{\text{in}}$ が必要

L：伝送路損失（光ファイバ損失と途中のコネクタ（1カ所当たり 0.1～0.5 dB）の和．シングルモードファイバでは，光ファイバ損失は 0.2～0.25 dB/km）

P_e：パワーペナルティ（ファイバの分散による波形劣化や，コネクタでの多重反射による劣化分など）

ここで，dBm は 1 mW を 0 dB の基準にした値であり，P(mW) の dBm 値 P_m は，$P_m = 10\log(P)$ である．

以上のように，損失により伝送距離が制限されることを損失制限（loss limit）という．これを図示すると図 7.8 のようになる．$P_r = P_{\text{in}}$ となる距離 l_L が損失制限で決まる最大伝送距離であり，式(7.5) で与えられる．

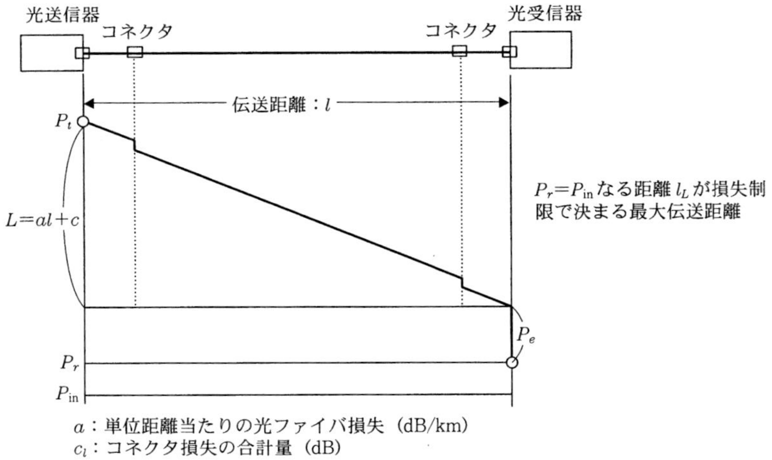

図 7.8　レベルダイヤグラム

$$l_L = \frac{P_t - P_{\rm in} - c_l}{a} \tag{7.5}$$

ここで，a：単位距離当たりの光ファイバ損失（dB/km）

c_l：コネクタ損失の合計量（dB）

b. 分散の影響

シングルモードファイバでは，モード分散は零であるが，波長により光の伝搬速度がわずかに異なっている（波長分散あるいは色分散（chromatic dispersion）ともいう）．1.55 μm で分散を零にした分散シフトファイバ（dispersion shift fiber）も用いられているが，光源の波長は完全には単一波長でない．さらに直接変調では変調による波長のふらつき（チャーピング）がある．このような，ファイバの分散と光源の波長の広がりにより，光信号の高周波成分が劣化し，光パルス波形がひずむ．これにより伝送速度や伝送距離が制限される．これを分散制限（dispersion limit）という．

分散の影響による波形劣化を少なくし，伝送距離を長くするためには，光源の波長の広がりをできる限り少なくすることが重要である．FP-LD は光源自身が持つスペクトル広がりのために分散の影響が大きい．FP-LD を用いた場合の分散制限による伝送距離 l_D は式 (7.6) で与えられる[2)]．

$$l_D \leq \frac{10^{12}}{4|D|B\Delta\lambda} \tag{7.6}$$

ここで，l_D：最大伝送距離（km）

B：信号のビットレート（b/s）

D：光ファイバの分散（$\mathrm{ps \cdot km^{-1} \cdot nm^{-1}}$）

$\Delta\lambda$：FP-LD のスペクトルの広がり（nm）

DFB-LD は単一波長が得られるが，変調をかけることにより側帯波が広がる．特に直接変調では発振波長の変化が生じる（これをチャープという）．DFB-LD を用いた場合の分散制限による伝送距離 l_D は式 (7.7) で与えられる[3,4)]．

$$l_D = \frac{\pi \times 10^{24}}{2B^2 \ln 2} \frac{\alpha \pm \sqrt{1.44\alpha^2 + 0.44}}{1 + \alpha^2} \frac{c}{\lambda^2 D} \tag{7.7}$$

ここで，l_D：最大伝送距離（km）

λ：波長（nm）

c：光速度（km/s）

α：チャープパラメータ．直接変調では 4 程度．

B，D は式 (7.6) と同じ

平方根の前の符号は，D が正のとき正符号，負のとき負符号をとる．

この値は，NRZ でガウス形送信パルス波形を仮定し，パルス半値幅が 20% 拡大する距離から求めている[3]．

c. 伝送距離

光伝送システムの伝送距離は，b. 項で説明したように損失あるいは分散のいずれかにより制限される．数値例により高速伝送に必要な条件を調べてみよう．図 7.9 は 1.55 μm 帯シングルモードファイバ，受信素子として APD を用いたとき，伝送速度に対する最大伝送距離を求めたものである．損失制限は式 (7.5)，分散制限は式 (7.6) および (7.7) を用いて算出している．このとき，符号誤り率 $\varepsilon=10^{-10}$，$P_t=5\,\mathrm{dBm}$，$c_t=1\,\mathrm{dB}$，$a=0.3\,\mathrm{dB/km}$，$D=\pm 2\,\mathrm{ps\cdot km^{-1}\cdot nm^{-1}}$ と $\pm 20\,\mathrm{ps\cdot km^{-1}\cdot nm^{-1}}$，$\Delta\lambda=2\,\mathrm{nm}$，$\lambda=1550\,\mathrm{nm}$，$\alpha=0$，4 を用いている．

このグラフからわかるように，標準的な伝送距離 80 km を実現しようとすると，1 ギガビットクラスのシステムでは発光素子としてスペクトル幅の狭い DFB-LD が必要である．このとき伝送距離は損失制限で決まり，変調方式は構成の簡単

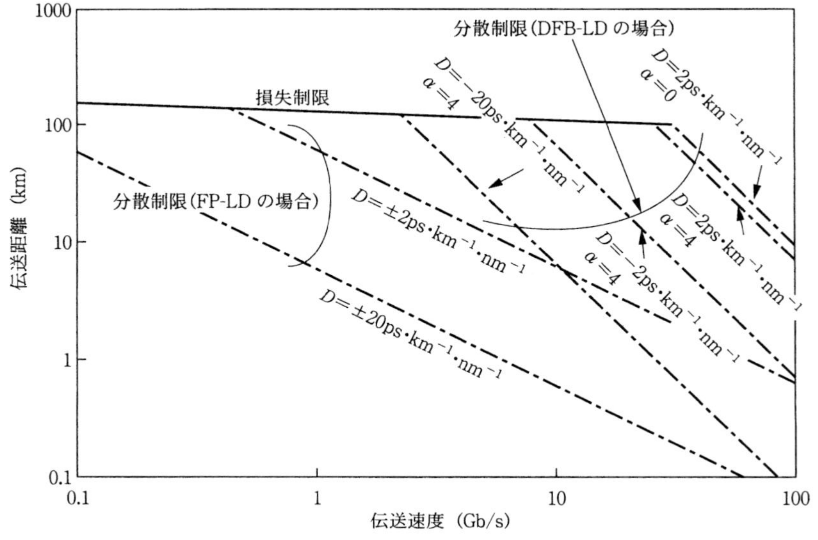

図 7.9　伝送距離を決める要因

な直接変調でよい[5)]．伝送距離を長くするためには，光送信レベルを高くすることである．しかし，高レベルの光信号を光ファイバに入力すると，誘導ブリルアン散乱（SBS：stimulated brillouin scattering）という光ファイバの非線形現象が発生し，通常入力レベルは数 dBm 程度に制限される．これを解決する有力な技術が希土類のエルビウムをドープした光ファイバによる光増幅技術である[6)]．

これに対して，10 Gb/s 以上のシステムでは直接変調を用いるとチャーピングが大きく，分散の影響により伝送距離が非常に短くなるので，チャーピングの少ない変調方式が必要である[7)]．

7.2　SDH 光伝送システム

光伝送システムが実用システムとして用いられるようになったのは，1980 年代に入ってからである（図 7.10）[8)]．ディジタルハイアラーキは当時 PDH であり，日本では 6 Mb/s-32 Mb/s-100 Mb/s-400 Mb/s-1.6 Gb/s 系列の光伝送システムが開発された．最初に開発された F-6M から F-100M までの中小容量システムでは，GI (graded index) 型光ファイバが用いられた．しかし，SM (single mode) 型光ファイバの低コスト化にともない，すべての光ケーブルが SM 型ファイバに

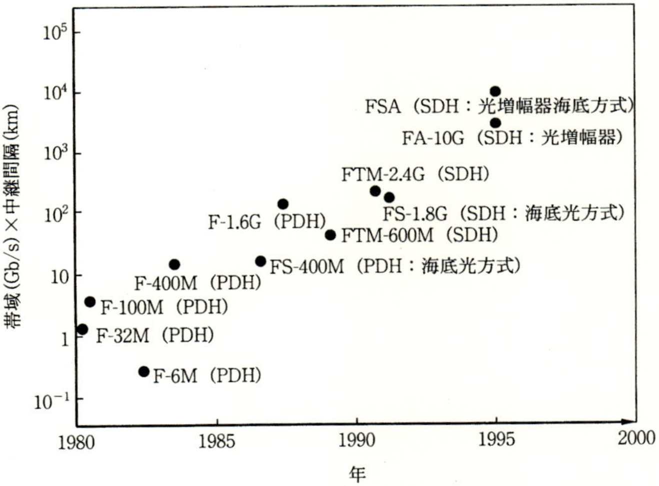

図 7.10　日本における光伝送方式の開発の流れ

置き換えられた.

1988年にCCITTで新しいディジタルハイアラーキとしてSDHが標準化された(4章). そこで, SDHに基づいた新しい光伝送システムが開発され, 日本ではNTTにより1989年から導入された[9]. 現在, 世界各国のネットワークにはSDH (またはSONET) が大量に用いられている.

TDM (time division multiplexing) を用いた伝送システムでは, 大容量化は伝送システムの高速化を意味する. 現在, 商用システムとしてはSTM-64(10Gb/sシステム)まで導入されている[10,11]. Gb/s以上の高速システムの開発では, 光送受信回路の高速化が技術的に重要な課題であるが[11], それ以外に, SDHフレーム処理などを行うための電気回路の高速化技術, 低消費電力化技術, 経済化が重要な要素である. なお, 波長多重技術(WDM: wavelength division multiplexing)を用いて, 数十のTDM信号を1本の光ファイバ上に多重伝送するWDM伝送方式が実用化されているが, 次節で詳しく述べる.

光伝送システムの経済化のためには, 伝送距離を延ばし, 中継器の個数を減らすことが有効である. このためには, 光送信レベルを高くすることが必要であり, 光ファイバ増幅器を用いることにより長距離化が可能となる[3].

a. システム構成

SDHは同期多重であり, 任意速度間での多重が非常に容易である. このため, SDHの低速信号である50Mb/s (STM-0) あるいは150Mb/s (STM-1) から, STM-1, STM-4, STM-16などに簡単に直接多重化できる. また, SDHでは図7.11に示すように, 多重化機能と電気-光変換や伝送路の故障監視を行う伝送路終端機能を一体化した多重終端装置 (LT-MUX) の構成が可能となり, システムの経済化に貢献している. さらに, ネットワークの経済化をはかるための伝送機能として, 9章で説明するクロスコネクトシステム (cross-connect system) や分岐多重装置 (ADM: add-drop multiplexer) が導入され, このような装置にも伝送路終端機能が実装されている. この背景には, LSI技術の進歩により, 3R回路や光送受信回路が, 非常に小型で一体化され, 簡単に各種装置に実装できるようになったことがある.

b. 光伝送技術

SDH光伝送システムの諸元を表7.1に示す.

発光素子は600Mb/s以上はDFB-LDを用いている. 標準中継器間隔は1.3

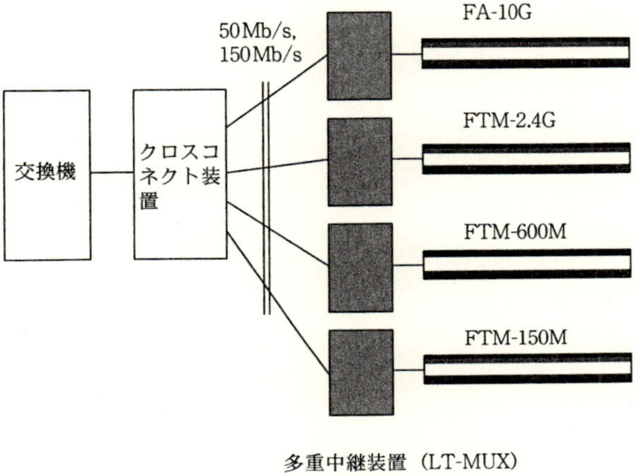

図 7.11　SDH 時代の光伝送系の構成

μm 帯ファイバでは 40 km, 1.55 μm 帯ファイバでは 80 km である．伝送路符号は構成の簡単な NRZ 符号でスクランブルを行う．BSI（bit sequence independence）符号を用いずとも，SAW フィルタなどの使用によりタンク回路の Q 値を非常に高くできるので，零連続によるタイミング消失の確率を小さくできるからである．

c. LT-MUX

LT-MUX は，低速側伝送路終端機能，多重化機能，高速側伝送路終端機能，同期タイミング機能を持つ．伝送路上のフレーム構成は，図 7.12 に示すような STM-N フレームである．

多重化は SDH の多重化方法にしたがい，低速信号を高速信号に多重化する．

低速側および高速側伝送路終端機能は，7.1 節で説明した O/E 変換，E/O 変換，3 R 機能のほかに，SDH フレームのセクションオーバヘッド（SOH）によりフレーム同期，伝送路の故障や符号誤り監視，伝送路故障時の予備伝送路への自動切替（APS：automatic protection switching）などを行う．

フレーム同期には，A 1，A 2 バイトを用いるが，A 1，A 2 の各 2 バイトずつの合計 4 バイトで同期をとると，STM-16 信号に対する最悪フレーム同期復帰時間の平均値は 125 μs となる（式 (4.1) 参照）．

同符号連続によるタイミング消失を避けるためにスクランブラ（5 章）を用いる．スクランブラ構成はリセット型であり，生成多項式は

表 7.1　SDH 光伝送システムの例

方　式	FTM-150 M		FTM-600 M			FTM-2.4 G		FA-2.4 G	FA-10 G
伝送速度	155.52 Mb/s		622.08 Mb/s			2.48832 Gb/s		2.48832 Gb/s	9.95328 Gb/s
伝送容量（電話換算）	2016 CH		8064 CH			32256 CH		32256 CH	129024 CH
伝送路符号	スクランブルド NRZ		スクランブルド NRZ			スクランブルド NRZ		スクランブルド NRZ	スクランブルド NRZ
発光素子	InGaAsP-FP-LD	InGaAsP-DFB-LD	InGaAsP-DFB-LD		InGaAsP-DFB-LD+EDF 光増幅器	InGaAsP-DFB-LD		InGaAsP/InP-DFB-LD+EDF 光増幅器	InGaAsP/InP-DFB-LD+EDF 光増幅器
受光素子	Ge-APD	InGaAs-APD	InGaAs-APD			InGaAs-APD		InGaAs-PD+EDF 光増幅器	InGaAs-PD+EDF 光増幅器
使用ファイバ	1.3 μmSM	1.5 μmSM	1.3 μmSM	1.5 μmSM	1.5 μmSM	1.3 μmSM	1.5 μmSM	1.5 μmSM	1.5 μmSM
中継間隔	40 km	80 km	40 km	80 km	120 km/160 km	40 km	80 km	線形中継器 80 km 再生中継器間 640 km	線形中継器 80 km 再生中継器間 320 km
記　事					光増幅器を用いた長距離版			光直接増幅による速度フリーな線形中継器	

EDF : erbium doped fiber

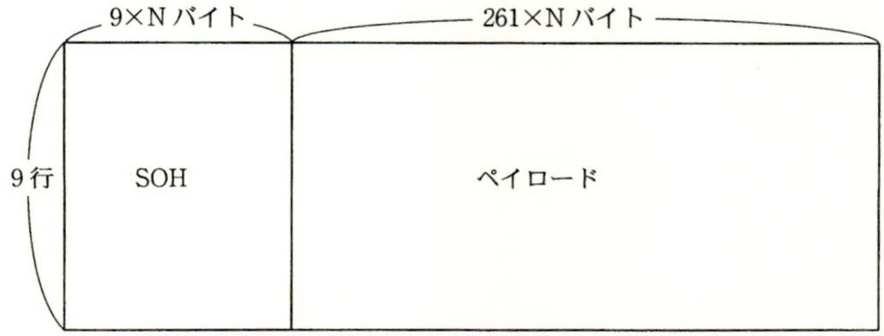

図 7.12　STM-N フレーム構成

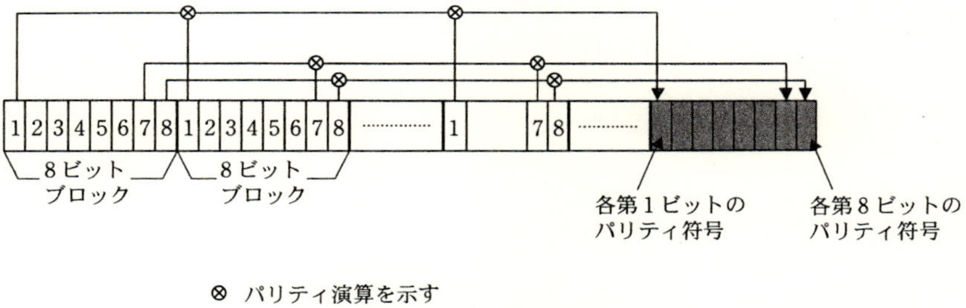

図 7.13　BIP-m 符号（BIP-8 の例）

$$X^7+X^6+1 \tag{7.8}$$

である．リセットは，フレームの第 1 行目で，SOH の次のビット位置で行われる．

符号誤り監視は，B 1 と B 2 を用いて行われる．B 1 は LT-MUX と再生中継器(REP)間，あるいは REP と REP 間の誤り監視，B 2 は LT-MUX 間を通した誤り監視に使用され，誤り区間の特定を行うことができる．誤り検出は BIP（bit interleaved parity）符号により行う．B 1 はすべての STM-N に対して BIP-8，B 2 は BIP-24×N である．一般的に BIP-m は図 7.13 に示すように，被監視情報を m ビット単位に区切り，各ブロックの中の第 i ビット（$1 \leqq i \leqq m$）の偶数パリティにより得られる．BIP 符号は回路が簡単であり，また分散したビットに対してパリティ演算を行うので，バースト誤りに強い．BIP-m の誤り検出能力は次のように評価できる．監視される全ビット数を k とし，伝送路で発生する誤りはランダムで，誤り率を ε とする．このとき，BIP-m の 1 つの誤り符号が誤りを検出する確率 $p(\varepsilon)$ は次式で評価できる[12]．

$$p(\varepsilon)=1-\frac{1+(1-2\varepsilon)^j}{2} \tag{7.9}$$

ここで，$j=k/m$

そこで，BIP-m を用いて検出できる誤り率 M_{BER} は次式となる．

$$M_{BER}=\frac{p(\varepsilon)}{j} \tag{7.10}$$

STM-N 信号に対して，B 1(BIP-8)，B 2(BIP-24×N) について，伝送路誤り率の真値 ε と，BIP 符号を用いて算出された誤り率の M_{BER} 関係を図 7.14 に示す．

信頼性の高いネットワークを実現するために，図 7.15 に示すような，伝送路が

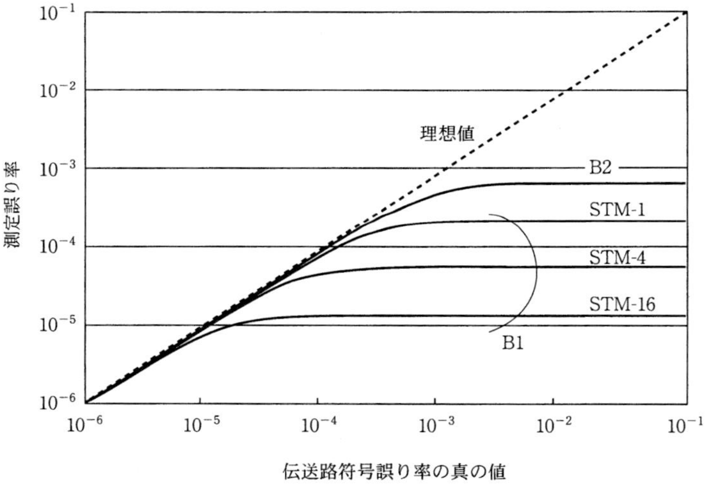

図 7.14　BIP による誤り検出能力

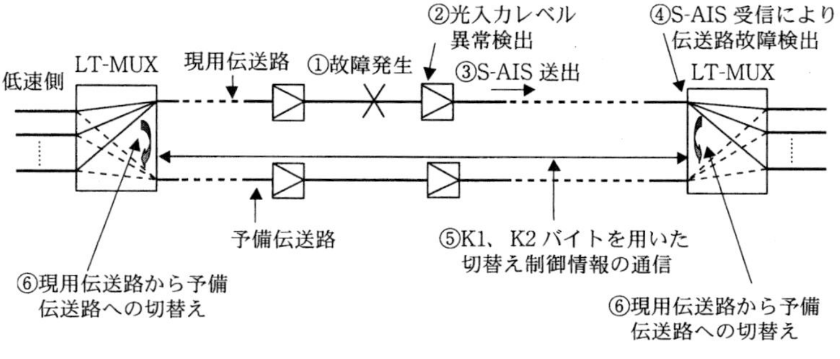

図 7.15　伝送路故障時の自動切替え方式

故障したときに，2 つの LT-MUX 間で切替制御情報のやりとりを行い，自動的に伝送路切替えを行う，APS 機能が用いられる．たとえば，ある再生中継器間の伝送路が故障して，再生中継器の光信号のレベルが非常に低下した場合を説明する．再生中継器 #i への光入力が低下すると再生中継器で抽出しているタイミング信号も消失する．再生中継器は内蔵の PLO が自走モードになり，このタイミング信号により次の再生中継器 #$(i+1)$ に送出する SDH フレームを作り出す．当然再生中継器 #i には情報は届かないので，この SDH フレームのペイロード部分は無意味な内容であり，この伝送路を使用している通信は切断された状態になる．このとき，再生中継器 #i は SOH の中の K2 バイトの一部を“1”に設定する．この状態を S-AIS（section alarm indication signal）という．S-AIS を受信することにより，LT-MUX は伝送路が故障であることを知ることができる．対向する LT-MUX 間で SOH の K1，K2 バイトを用いて切替え制御情報の受け渡しが行われ，故障した伝送路が自動的に予備伝送路へ切り替えられる．伝送路故障による通信の切断は可能な限り短いことが望ましいので，切替え時間は 50 ms 以内であることが，ITU-T で勧告されている．伝送路切替えを含め，ネットワークの切替えについては 9 章で詳しく説明する．

同期タイミング機能は，その局に置かれた網同期用従属発振器（4.9 節）から網同期クロックを受信し，受信したクロック信号により伝送路へ送出する信号を生成する．逆に LT-MUX に入力された信号は同期クロックに変換されるので，伝送路で発生したジッタは終端機能で吸収される．

なお，PDH は非同期系であり，多重化装置（MUX）および伝送路終端装置（LT）は，入力された信号のタイミングクロックをそのまま用いて，出力信号フレームを生成するので，ジッタは終端されず，これらの装置を通過する．

d. 中 継 器

光伝送方式では，中継器は 2 種類が実用化されている[2)]．

第 1 のタイプは再生中継器で，光信号をいったん電気信号に変換し，電気信号で 3 R 機能（5 章）により，ひずんだ波形を再生した後，再度光信号に変換する方式である．タイミング系は LT-MUX とは異なり，網同期クロックは使用せず，入力信号から抽出したタイミングクロックを用いて，出力信号フレームを生成する．このため中継器を通過するごとにジッタが累積する．波形劣化は補償されるが，ジッタの累積により，LT-MUX 間での最大中継器個数，すなわち LT-MUX

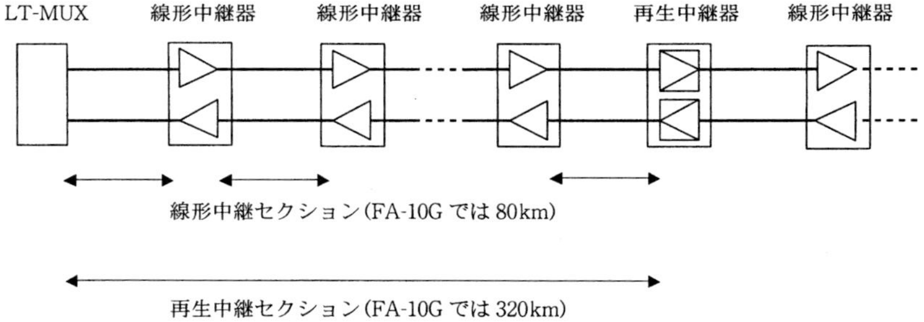

図 7.16 線形中継器と再生中継器を用いた光伝送システム

間の最大伝送距離が規定される．たとえば，表 7.1 に示した，FTM-2.4G 方式は最大方式距離は 2500 km である．

これ以外に再生中継器では，フレーム同期をとり，SOH の上部 3 行分を終端する．これにより隣接する中継器との間の故障や符号誤りを監視し，異常を検出した場合には SOH を用いて，LT-MUX に情報を転送することができる．このため，SDH は保守運用能力が高いという特徴を有する．

第 2 のタイプは線形中継器で，エルビウムドープ光ファイバ（EDF : erbium doped fiber）増幅器を用いて，光信号を直接増幅する方式である．再生中継器のようにいったん電気信号に戻す必要がないので，回路構成が簡単であり，経済的である．また，タイミングクロックを用いないので，一種類の中継器で任意の速度信号を中継するビットレートフリーな中継器が実現できる．しかし，線形中継器では光信号レベルの増幅を行うのみであり，波形整形は行えないので，線形中継器で多段に接続された場合は波形劣化や雑音が累積する．そこで適当な距離間隔で再生中継器が使用される．たとえば，FA-10G システムでは図 7.16 に示すように，線形中継器は 80 km 間隔で用いられ，320 km ごとに再生中継器が用いられる[7]．

7.3 WDM 伝送システム

1 本のファイバに複数の波長を多重化する WDM は，ファイバ数の削減による経済化と，1 本のファイバで大量の情報を伝送できることから魅力的な方式である．

1984年にNTTで導入されたF-6M方式は，1.2 μmと1.3 μmの2波のWDMで，上り信号と下り信号を1本のファイバで伝送した．当初はこのように短距離やアクセス系などで上下信号を1本のファイバで伝送するような目的に利用されていた．

近年インターネットの普及により，トラヒック量が急激に増大しており，大容量伝送システムの需要が高まっている．そこで，TDMを用いた10 Gb/s以上のシステム，たとえば，40 Gb/sという大容量伝送システムが研究されている[13]．しかし，多重化回路を構成する電気回路の高速化や分散制限による伝送距離の制限を克服し，実用的なシステムを開発するためには多くの技術的課題が残されている．これに対して，WDMは1998年時点で1波長当たり2.4 Gb/sの場合で32〜40波長のWDMが開発され，1本のファイバで合計100 Gb/sもの大容量化が実現できており，世界各国で導入が進んでいる[14]．さらに80〜100波長程度のWDMも開発されており，年々多重波長数が増大している．

インターネットの普及は国際通信のトラヒックの急激な増加をもたらしており，国際海底光ファイバ通信システムでも大容量化が必要になっている．このため，海底光ファイバ通信システムでもWDMが導入されている[15]．

a. システム構成

WDMの基本要素を図7.17に示す．送信側で n チャネルの電気信号を，おのおの $\lambda_1, \lambda_2, \cdots, \lambda_n$ の各波長に変換し，光合波器により1本のファイバに多重化する．受信側では光分波器により，n 個の波長を分離する．長距離伝送のためには，中継器が必要であり，複数の波長に対して経済的に中継器を構成できるよう，複数波長の光を直接増幅する光増幅器を用いた中継器が用いられる．

使用波長はITU-Tで標準化が進められており，図7.18に示すように，1.55 μm

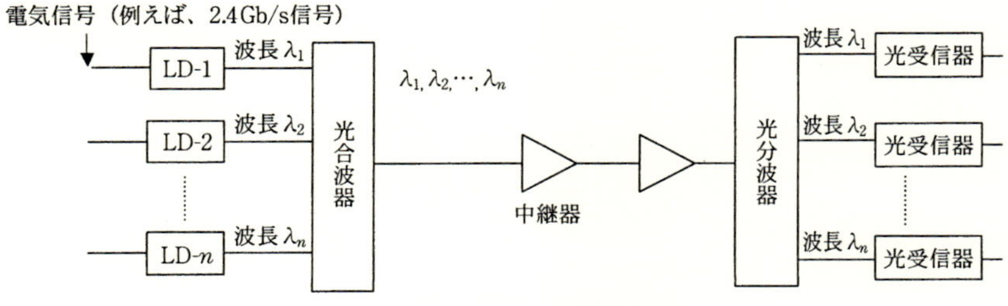

図 7.17 WDMの基本構成

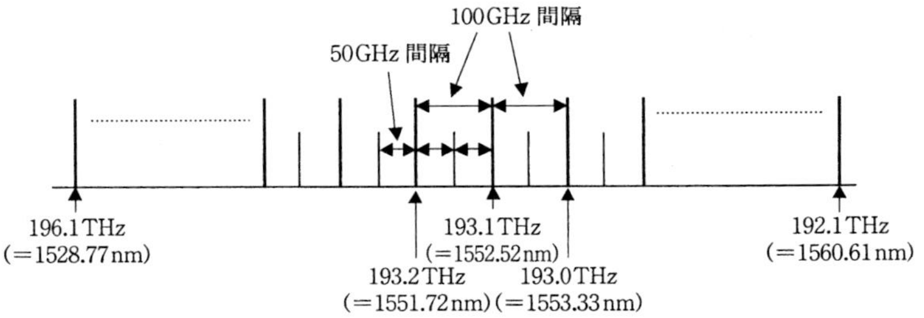

図 7.18　WDM の波長配置

帯で，約 0.8 nm（100 GHz）間隔で波長多重を行う．さらにこの半分の間隔で波長多重を行う方式の標準化も検討されている．

現在 WDM を用いる場合は，SDH の LT-MUX 出力信号 STM-16（2.4 Gb/s）や STM-64（10 Gb/s）にそれぞれ波長を割り当て，WDM-MUX で各波長を発生させ波長多重を行う．

b. 基本構成技術[16~18)]

（1） 光　源

WDM 用の光源としては，多数の波長を安定かつ精度よく発振できることが必要である．4 波長程度の WDM 用光源としては，DFB レーザに精密な温度制御を行ったものが利用される．波長間隔が 1 nm 以下のような高密度 WDM（DWDM：dense WDM）では，光源の発信周波数を安定させることが，非常に重要である．さらに，波長数が多い場合，波長ごとに光源を用意することは経済的でない．そこで，1 つの光源で多数の波長を発生できる光源の研究が進められている．

（2） 光合分波器

光合分波器として回折格子，誘電体多層膜などのバルク光学部品が用いられている．しかし，これらの部品は精密な組立てが必要である．そこで，光集積技術を利用した，アレイ導波路回折格子（AWG：arrayed waveguide grating）などの新しい部品の研究が進んでいる．

（3） 光ファイバ増幅器

多数の波長が 1 本の光ファイバに多重化されているので，広い波長範囲にわたって平坦な増幅特性を持つ光増幅器が必要である．現在はエルビームドープ光ファイバ増幅器（EDFA）が用いられている．その際に石英系 EDFA に比べ，フッ化物 EDFA は平坦な波長範囲が広く，1530 nm から 1560 nm までの 30 nm にわたり平坦な特性が得られる．

演習問題

（1） 光ファイバ伝送システムにより伝送コストが安くなった理由を考察せよ．

（2） 光伝送系の損失要因を列挙せよ．さらに，この損失により伝送距離が制限される理由を考察せよ．

（3） 受信器にAPDを用いて，1Gb/s，2Gb/s，10Gb/sの信号を伝送し，符号誤り率10^{-10}を達成するために必要な平均受光レベルを求めよ．ただし，過剰雑音指数を0.7，$M=10$，光検波器の負荷抵抗50Ωとする．

（4） シングルモードファイバを用いた通信における，分散制限について説明せよ．

（5） 光伝送システムにおける伝送速度と伝送距離の関係を考察せよ．

（6） SDHで符号誤りの監視に用いられるBIP方式を説明せよ．

（7） 光伝送方式で用いられている2種類の中継器を説明せよ．

（8） WDMの原理を説明せよ．

参考文献

1) 西村憲一，白川英俊編著：改訂2版やさしい光ファイバ通信，電気通信協会（1996）．

2) 小林郁太郎編著：光通信工学（1），（2），コロナ社（1998）．

3) 中川清司，中沢正隆，相田一夫，萩本和男：光増幅器とその応用，オーム社（1992）．

4) K. Hagimoto and K. Aida：“Multigigabit-per-second optical baseband transmission system”, IEEE J. Lightwave Technology, Vol. 6, No. 11, pp. 1678-1685, Nov.(1988).

5) 辻　久雄，坪井利憲，新井英哲：“2.4Gb/s新同期光伝送方式”，NTT R & D，Vol. 40，No. 5，pp. 667-678（1991）．

6) K. Hagimoto, K. Iwatsuki, A. Takada, M. Nakazawa, M. Saruwatari, K. Aida, K. Nakagawa and M. Horiguti：“A 212 km non-repeatered transmission experiment at 1.8 Gb/s using LD pumped Er^{3+} - doped fiber amplifiers in an IM/Direct - ditection repeater system”, OFC '89, PD-15（1989）.

7) 中川清司，萩本和男：“超大容量FA-10G光伝送方式の開発”，NTT R & D，Vol. 44，No. 3，pp. 241-246（1995）．

8) 島田禎晉：“光伝送方式の研究の流れと今後の展開”，NTT R & D，Vol. 40，No. 2，pp. 153-160（1991）．

9) 河西宏之，白川英俊，和才博美：“ネットワークの構造を変えた新しい伝送路網”，NTT技術ジャーナル，Vol. 1，No. 6，pp. 39-42（1989）．

10) 上田裕巳，辻　久雄，坪井利憲：“新しい同期インタフェースを適用した同期端局装置”，NTT R & D，Vol. 39，No. 4，pp. 627-638（1990）．

11) 中川清司：“大容量光通信システム”，信学論B-I，Vol. J 78-B-I，No. 12，pp. 713-723（1995）．

12) 上田裕巳，藤目和弘，槇　一光：“新同期インタフェースにおけるBIPを用いた誤り率劣化とフレーム誤同期検出法", NTT R & D, Vol. 41, No. 1, pp. 65-76 (1992).

13) K. Hagimoto, M. Yoneyama, A. Sano, A. Hirano, T. Kataoka, T. Otsuji, K. Sato and K. Noguti : "Limitations and challenges of single-carrier full 40-Gbit/s repeater system based on optical equalization and new circuit design", OFC '97, ThC 1, pp. 242-243 (1997).

14) "Deployment of WDM fiber-based optical netwowks 特集号", IEEE Communication Magazine, Vol. 36, No. 2, Feb. (1998).

15) 山本　周, 鈴木正敏："光増幅技術の応用による国際光海底ケーブルシステムの研究開発", 信学誌, Vol. 81, No. 12, pp. 1195-1217 (1998).

16) 吉国裕三, 姫野　明, 宮　哲雄, 吉田淳一："WDM 用光デバイスの研究動向", NTT R & D, Vol. 46, No. 7, pp. 663-668 (1997).

17) 吉田淳一, 宮　哲雄, 吉国裕三, 姫野　明："次世代光ネットワークの実現に向けた光デバイスの研究開発動向", NTT 技術ジャーナル, Vol. 10, No. 11, pp. 58-62 (1998).

18) "WDM fiber optic communications 特集号", IEEE Communication Magazine, Vol. 36, No. 12 (1999).

8. 無線通信システム

無線通信は，携帯電話やPHSの普及とともに一般の人たちにとっても身近なものとなった．無線通信の最大の特徴は，伝送媒体が空間であり，特別に伝送路をひく必要がないことである．このことからさまざまな利用が広がっている．しかし，フェージングをはじめとして無線固有の問題があり，その解決のために技術的な取り組みがなされてきた．本章では，固定無線通信システムに加え，移動体通信システムと衛星通信システムを取り上げている．それぞれのシステムの利用における特徴と適用技術を理解してほしい．

8.1 無線通信とは

無線通信は1895年にイタリア人のマルコーニによって発明されたものであり，100年以上の歴史を有する．最近では携帯電話やコードレスホンなどとして，私たちの身近な生活においても利用され，無線通信からさまざまな恩恵を得ている．無線通信の最大の特徴は，伝送媒体が空間であり，特別な伝送路を引かなくても情報を伝達できることである．したがって，利用する場所に対する制約が少なく，技術の進歩とともに利用範囲が急速に広がっている．以下に無線通信の基本事項について述べる．

a. 電波伝搬

無線通信では，情報信号を高周波の電波にのせてアンテナから送信し，受信側では送信側と逆の操作，すなわち高周波の電波を取り除くことによって送られた情報信号を得，目的を達成する．情報信号を高周波の電波にのせたり，取り除く技術を変復調というが，これと電波伝搬が重要な基礎技術となる．しかし，変復調には無線固有の課題も含むが，有線伝送との共通技術であるため，ここでは後者，電波伝搬を取り上げる．

電波は周波数が高いほど多くの情報を運ぶことができる．しかし，電波の伝搬特性は，周波数によってその影響の度合も異なるため，利用目的によって適切な周波数を選択する必要がある．表 8.1 に電波の周波数区分とおもな用途を示す．電波は，3000 GHz 以下の電磁波と定義されており，周波数帯の名称が国際的に定められている．電気通信事業で用いられる周波数帯域は極超短波に属する 300 MHz から 30 GHz である．このうち SHF 帯（3〜30 GHz）はおもに短距離や長距離の多重伝送や衛星通信に使用され，UHF 帯（300 MHz〜3 GHz）はおもに移動体通信に使用されている．

電波の速度は光と同じであり，真空中では 3×10^8 m/s である．周波数を f，波長を λ，電波の速度を c とすると，これら 3 つの項目間には次式が成立する．

表 8.1　電波の種類とおもな用途

周波数	波長	周波数による名称	一般的な呼称	おもな用途
3000 GHz	100 μm		光波	
3000 GHz – 300 GHz	100 μm – 1 mm		極超短波：サブミリ波	
300 GHz – 30 GHz	1 mm – 1 cm	EHF	極超短波：ミリ波	レーダ
30 GHz – 3 GHz	1 cm – 10 cm	SHF	極超短波：準ミリ波（30 GHz – 10 GHz），マイクロ波（10 GHz – 3 GHz）	無線中継伝送（電話・テレビ） 衛星通信
3 GHz – 300 MHz	10 cm – 1 m	UHF	極超短波：準マイクロ波（3 GHz – 1 GHz）	移動通信（携帯，PHS），テレビ放送
300 MHz – 30 MHz	1 m – 10 m	VHF	超短波	テレビ放送，FM 放送
30 MHz – 3 MHz	10 m – 100 m	HF	短波	海外ラジオ放送，アマチュア無線
3 MHz – 300 kHz	100 m – 1 km	MF	中波	ラジオ放送
300 kHz – 30 kHz	1 km – 10 km	LF	長波	海上移動通信
30 kHz – 3 kHz	10 km – 100 km	VLF	長波	

EHF : extremely high frequency, SHF : super high frequency, UHF : ultra high frequency, VHF : very high frequency, HF : high frequency, MF : medium frequency, LF : low frequency, VLF : very low frequency

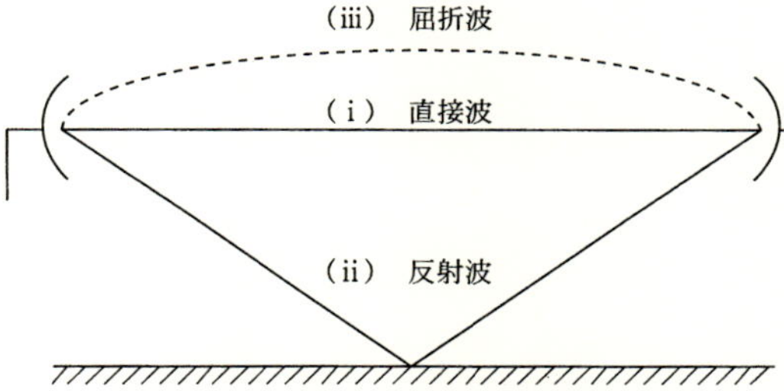

図 8.1 アンテナ間の電波伝搬路

$$c/f=\lambda \tag{8.1}$$

電波は周波数が高くなるほど直進性が強くなり，光の性質を帯びるようになる．逆に，周波数が低くなってくると障害物にぶつかった場合，障害物の裏側に電波が回り込む性質(回折と呼ばれる)が強くなるという特性を有する．また，10 GHz以上の周波数になると，電波が雨滴などに吸収され，減衰が大きくなるために伝送できる距離が制約されるようになる．アンテナから放射される電力は，距離 d の 2 乗に反比例して減衰する．また，電波の強度を表す電界強度 (V/m) は，距離 d に反比例して弱くなる．

アンテナ間の電波伝搬路を図 8.1 に示す．マイクロ波帯を使用する公衆通信においては，送信アンテナから受信アンテナへの通常の伝送は，伝搬路 (i) のような直接波によって行われる．しかし，これだけではすまされない．伝搬路 (ii) に示すような大地や海などによる反射波がある．これは受信アンテナに対する直接波と位相を異にする可能性があり，受信電力を減少させる原因となる．さらに，伝搬路 (iii) に示すような大気を通る伝搬路がある．これは雨や気圧の違いといった大気密度の不規則性によって起こるものであり，電波の到着時間が不安定であったり，強度が一定しないという性質を有する．これらは直接波に対しての妨害要因となり，その影響を除くために種々の工夫がなされている．

b. フェージング

電波は広がりながら進む性質を有する．そのため，送信アンテナから発射された電波は，伝搬路の下が海や田んぼのように平坦であると，これらによって反射される．その結果，受信アンテナには直接波とともに反射波も受信され，その合成波が受信電波となる．受信電波の強度 (電界強度) は常時一定ではなく，変動する．電界強度の変動のうち，大気密度の変化のように自然現象が原因となるものをフェージング(fading)というが，変動そのものをフェージングということもある．

フェージングは，その発生原因によってさまざまであるが，マイクロ波を使ったディジタル伝送では，干渉性フェージングが問題となる．これは反射波などの多重波の干渉によって生じるものである．特に反射波によるフェージングを小さくする必要があるときには，凹凸の多い伝搬路を選んだり，山で干渉波がさえぎられるように伝搬路を選んでいる．また，移動通信では，建物などの反射によるフェージングの影響が大きく，その抑圧が主要な技術課題となっている．

フェージングは無線通信において避けられないものであるが，積極的にその影響を少なくし，安定な伝送特性を実現する技術としてダイバーシティがある．これは１つの無線チャネルに対して２つ以上の伝搬路を準備し，受信局で受信波を選択あるいは合成して受信レベルの変動を抑圧するものである．

ダイバーシティの代表的なものとしてスペースダイバーシティと周波数ダイバーシティがある．スペースダイバーシティは，図8.2に示すように空間的に離した２台のアンテナを使用して実現する．また，受信入力の処理の仕方によって２つの方法がある．１つは受信入力のうちレベルの高いほうを選択する方法であり，切替えのときの瞬断は避けられない．したがって，長距離伝送のように高い信頼性を必要とするシステムには適さない．他は，受信入力を合成し，レベルが最大となるように処理する方法である．また，周波数ダイバーシティは，周波数が離れるとフェージングの発生に差があることを利用する方法である．周波数が異なる予備の無線チャネルを用意しておき，受信入力の劣化を検出した場合には直ちに予備のチャネルに切り替える．それぞれの無線チャネルごとに周波数ダイバーシ

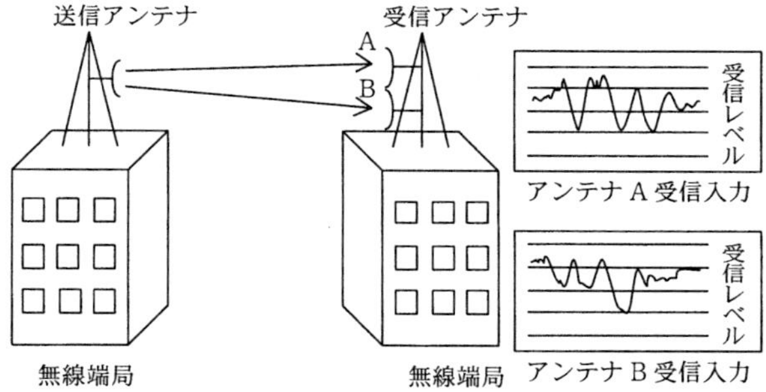

図 8.2　スペースダイバーシティの構成

ティを適用すると，周波数帯域が広くなり，無線帯域の有効利用をはかれなくなる．そこで複数のチャネルに対して予備を1チャネルだけ設ける構成が一般的である．

8.2　無線通信システムと基本構成

a.　無線通信システム

公衆網への無線通信の適用形態を整理すると長距離・短距離の中継系と加入者系ということになる．また，衛星通信は中継系と加入者系の両方に利用されている．周波数としてはおもにマイクロ波が利用されている．少し詳細にみると中継系の伝送には4・5・6GHz帯と11GHz帯が使用され，加入者系の伝送には22 GHz帯や26GHz帯が使用されている．また，衛星通信では地球局から衛星への伝送を行うアップリンクと衛星から地球局への伝送を行うダウンリンクで異なる周波数を使用しており，アップリンク周波数/ダウンリンク周波数で表示すると6/4GHz(Cバンドと呼ばれる)，14/12GHz(Kuバンドと呼ばれる)，30/20GHz (Kaバンドと呼ばれる) が用いられている．いずれの場合もアップリンク周波数がダウンリンク周波数よりも高くなっているが，地球局からは大電力の信号を送信できるため電波としての減衰が大きいほうを選択していることによる．なお，参考であるが，放送衛星では12GHz帯を使用している．

無線通信の基本構成として，中継系に利用される伝送システムの例を図8.3に示す．電話機やファクシミリなどの端末機器から発信された情報信号は，交換機を通って目的地別に集められ，多重化装置で高速のディジタル信号に変換される．ここまでのプロセスは有線伝送の場合も同じである．多重化された高速信号は無線端局に送られ，変調装置において空間で伝送するのに適した符号形式に変換される．変調出力は送信装置でマイクロ波帯の周波数に変換され，所要の送信出力まで増幅される．いくつかの送信装置からの出力は合波装置で合成され，導波管を通ってアンテナに運ばれる．アンテナから電波として目的地に送信される．受信局では，まず，送信されてきた電波をアンテナで受信し，分波装置で周波数ごとに分け，受信装置に送る．受信装置では空間伝送によって減衰した変調信号を増幅し，さらに復調装置で高速のディジタル信号を復元する．送信局と受信局にある無線端局装置は，空間の伝搬状態が悪く品質が劣化した場合や装置が故障し

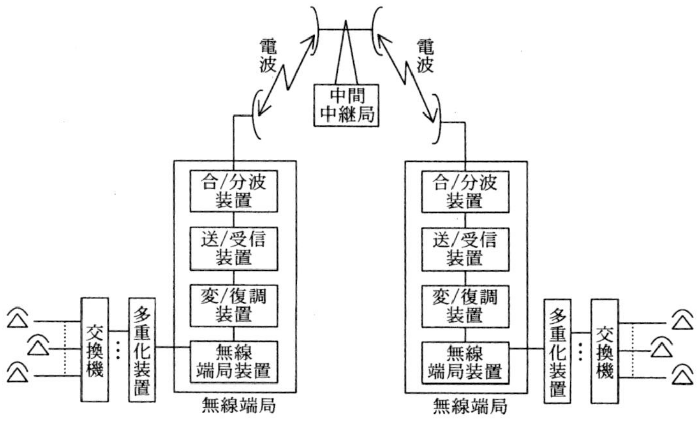

図 8.3　中継系の無線システム構成

た場合，他の周波数や装置に切り替えて伝送するという信頼度対策の役割を有している．

4・5・6 GHz 帯を使用した中継系伝送システムでは約 50 km の伝送が可能である．これより長い伝送距離，すなわち無線端局間の距離が 50 km を越えるような場合には途中に中間中継局を置き，再生中継を行う．図 8.3 の場合には中間中継局は 1 つだけの場合を示しているが，基幹伝送系を構成する場合には多くの中間中継局が設けられる．

アンテナは電波を送信したり，受信する装置であり，利用目的によってさまざまな構造のものが開発されている．マイクロ波通信においてもパラボラアンテナ，カセグレンアンテナ，ホーンリフレクトアンテナ，オフセットパラボラアンテナなどが利用されてきた．これらのアンテナの構造を図 8.4 に示す．いずれのアンテナも電波を一定方向に向ける反射鏡と電波の出入口であるホーンから構成されている．パラボラアンテナでは電波の 1 次放射器が反射鏡の放物面の焦点に置かれ，放射器からの電波を反射鏡で反射させることによって鋭い指向性をもって放射される．

アンテナの性能は，

① 指向性：放射される電波の鋭さ

② 利得：全方向に一様に電波を放射した場合に比べて主放射方向に何倍の電力が集中するかの尺度

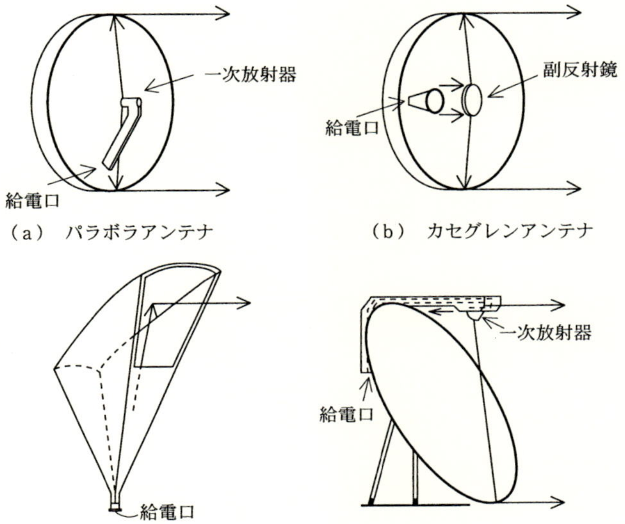

（a） パラボラアンテナ　（b） カセグレンアンテナ

（c） ホーンリフレクトアンテナ　（d） オフセットパラボラアンテナ

図 8.4 アンテナの種類と構造

③ 交差偏波識別度：大地を基準にして垂直方向に振動する電波を垂直偏波，水平方向に振動する電波を水平偏波というが，この垂直，水平偏波を識別する能力

などによって決まる．一般には，同一周波数の電波であるならば反射鏡の開口面積が大きいほど良好な性能が得られる．しかし，設置条件や価格の面から小型で高性能なアンテナが望まれ，種々の工夫がなされてきた．

b. システム設計において考慮すべき要因

無線通信に固有な設計要因として，先に述べたフェージングのほかに降雨減衰や干渉がある．電波の周波数が高くなると，雨，雪，霧などによって電波が吸収されたり，散乱されるため，大きな減衰を無線伝送路に与えることになる．この影響は 10 GHz 以上において特に顕著となる．これらの原因による損失特性は通常，予測しがたいため，システム設計においては統計的に扱う必要がある．実際のシステムでは，あらかじめ送信電力を高めに設定し，降雨減衰などによって受信電力が減少しても，その影響を少なくできるようにしている．

干渉は，伝搬中の電波に対して妨害波であるほかの電波が加わることをいう．

電波は，周波数が違っていると同一の伝搬路を使用しても相互に影響を与えることはない．しかし，周波数が同じであったり，近かったりする場合，伝搬路の選択やシステム設計が不適切であると反射や異常伝搬によってシステム間に干渉を生じ，伝送品質を劣化させる．そのためにアンテナの指向性を高めたり，干渉補償技術が適用される．

8.3　移動通信システム

移動通信の特徴は，自動車や電車の中で使用されることからも想像できるように，利用する端末機器が相当の速度で場所を変えることである．したがって，この移動端末と信号のやり取りをする基地局との構成が重要となる．基地局にはアンテナが設置されるが，そのアンテナで利用できる範囲をゾーンという．また，サービスの単位となる範囲をサービスエリアという．

サービスエリアとゾーンとが一致する場合を大ゾーン構成という．この構成ではゾーン内のすべての移動端末で限られた周波数を利用するため，同時に利用できる移動端末の数を増やすことができない．たとえば，図 8.5(a) のように 3 つの周波数が割り当てられているときには，3 台の端末が使用できるだけである．

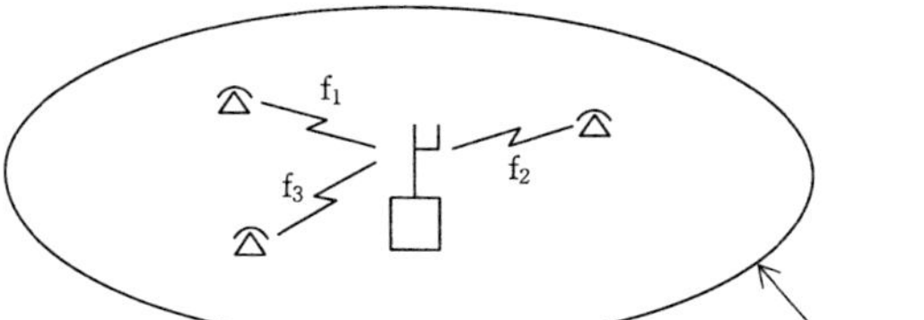

（a）　大ゾーン構成

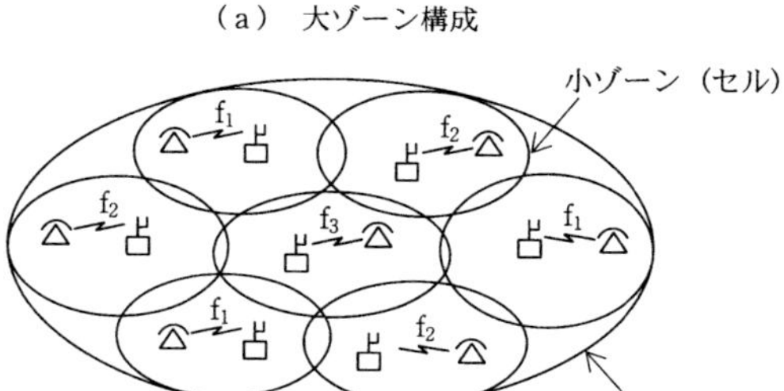

（b）　小ゾーン構成

図 8.5　移動通信とサービスエリアの構成

そこで考えだされたのが小ゾーン構成である．移動端末やアンテナから発射する電波を弱くすると利用できるゾーンは小さくなる．小さなゾーンはセルとも呼ばれる．いくつかの小さなゾーンでサービスエリアをカバーするようにし，ゾーン間での干渉がないように周波数選択を行う．そうすることによって同じ周波数をほかのゾーンで繰り返し利用できるようになる．このような構成例を図8.5(b)に示すが，3つの周波数で7台の端末がサービスエリアで使用できるようになる．

小ゾーン構成では，1つのサービスエリアが複数のゾーンから構成されているため，移動端末がどのゾーンにいるのかの識別や移動中にゾーンが変わったときの制御が重要となる．そのためそれぞれの基地局は制御局につながり，いくつかの制御局で全国規模の通信を可能としている．現在の移動通信システムでは，もっぱら小ゾーン構成（セル構成）が適用されている．

小ゾーン構成（セル構成）でも，1つの基地局がカバーする範囲の大きさによってサービスに違いが出てくる．携帯電話はもともと，自動車電話から発展してきた経緯があり，高速移動での通信を前提としている．そのため1つの基地局のカバー範囲は半径1～2kmから十数kmと広く設計されている．これに対してPHS（personal handyphone system）は，コードレス電話の発展形態として考えられたものであり，歩行速度での利用を前提としている．また，利用者数を増やすためもあり，ゾーンの半径は100～200mと非常に小さくなっている．このことからPHS端末の所在位置は，かなりの精度で知ることが可能となり，電話としてだけの利用から脱却した新しい利用方法が考えられている．

8.4 衛星通信システム

a. 人工衛星とその利用

衛星通信システムは通信衛星と呼ぶ人工衛星を使った通信システムであり，通信衛星と地球上に設置された複数の地球局との間を無線回線で結び，情報信号のやりとりを可能とするものである．

人工衛星はもともと，軍事利用を目的に開発されたが，その利便性から通信以外の各種の用途にも利用されるようになった．宇宙線や天体の観測に使用する科学衛星，テレビの放送に使用する放送衛星，毎日の天気予報や台風の進路予測に欠かせない気象衛星，船舶，航空機，自動車などの位置検出を行う航行衛星，地表や海洋面の状態をリモートセンシングで観測して環境保全や資源開発に役立てる地球観測衛星などがある．いまや私たちの生活になくてはならないものとなっている．

人工衛星は，軌道のとり方によって静止衛星と周回衛星に分けられる．静止衛星は地上からみると静止してみえるように制御して，運用するものである．具体的には，衛星を地球の上空約 36000 km に打ち上げ，地球の自転周期と同じ周期で回るように制御する．この静止衛星軌道は限られたものであり，地球資源としての利用計画が重要なものである．静止衛星はカバーする地域が広く，国際間の通信や国内通信に広く使用されている．

これに対して周回衛星は，地球の自転周期とは無関係に比較的低い軌道を回るものである．1998 年末に 6 つの軌道上にそれぞれ 11 個の衛星を配置し，66 個の衛星で地球上をカバーする携帯電話システム—イリジウム—がサービスを開始した．このシステムは静止衛星を使用する場合と比較して送信に必要な電波強度が小さくてすむことから新しい通信衛星システムの利用方法として脚光を浴び，技術的な可能性は実証された．しかし，利用料金が高いなどの影響もあり事業的には苦戦し，2000 年になって間もなくサービスの中止に追い込まれた．

以下では静止衛星を対象とした通信システムについて基本事項を述べることとする．

b. 衛星通信システムの構成と特徴

衛星通信システムの基本構成を図 8.6 に示す．設備的に分類すると複数の地球局と通信衛星から構成される．地球局は，アンテナ，送受信装置，地上系の通信システムとのインタフェースをとる端局装置，および衛星回線や装置類の監視を行う通信監視制御装置からなる．通信衛星は中継器の機能を有しており，地球局から送られてきた微弱な信号を受信し，増幅した後に地球局に送信する．

図 8.6 にしたがって情報信号の流れをみてみよう．地上の通信網からの情報信号は，地球局 A に入り，端局装置，送受信装置を経て送信に適した伝送形式に変換され，アンテナから衛星通信に向けて電波として送信される．通信衛星では非常に長い距離を伝送されて減衰した電波を増幅し，地球局 B に送信する．地球局から通信衛星への送信をアップリンクといい，逆に通信衛星から地球局への送信をダウンリンクという．地球局 B では送信局 A と逆の手順，すなわちアンテナ，受信装置，端局装置を経て，地上の通信網へ接続され，所要の通信が行われる．

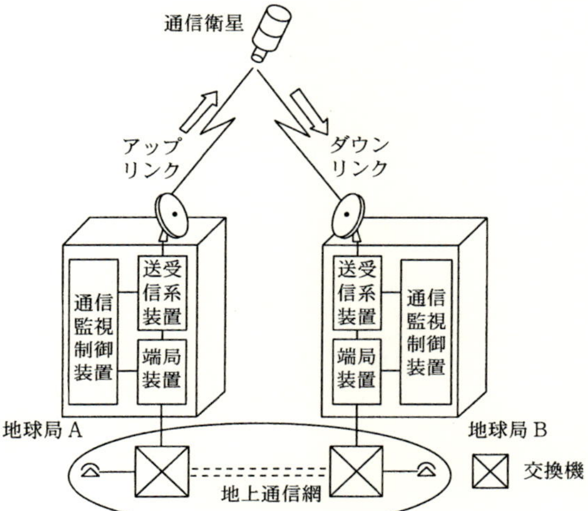

図 8.6 衛星通信システムの基本構成

通信衛星は，何も行わないでいると太陽や月からの引力の影響などによって正常な静止衛星軌道からはずれたり，衛星アンテナが地球の方向を向かなくなったりする．そこで通信衛星の軌道や姿勢を正常に保つことが重要であり，このほかに衛星管制局が設けられている．ここでは，通信衛星から送られてくるデータを分析し，通信衛星との距離や角度の観測を行い，軌道や姿勢を制御する．このために燃料を必要とし，その量が通信衛星としての寿命を決定する主要な要因となる．

通信衛星システムは，システム構成から明らかなように，

① 1つの衛星によって広い地域をカバーできる（広域性）

② 同じ情報を同時に，多地点に伝達できる（同報性）

③ 地球局を移動させれば，直ちに回線が設定でき，即応性にすぐれる（柔軟性）

④ 地上の災害の影響を受けにくい（耐災害性）

などの特徴を有する．地球局と衛星までの距離が支配的であるため，地上の距離に関係しない料金が可能であり，遠距離通信では経済性を発揮する．また，災害時には地上システムのバックアップシステムとして速やかに通信網を回復させ，信頼性を高めることが可能である．しかし，伝搬路が地上—通信衛星—地上となり，静止衛星の場合には電波の伝搬時間だけでも 0.24 秒を必要とする．その結果，

電話などでは話がしにくくなるといった問題を生じたり，テレビでアナウンサーと特派員が会話を行うときに話の衝突を起こし，円滑な会話の障害になったりする．さらに，使用する電波が10GHz以上であると降雨減衰などの影響を受け，光ファイバケーブルを使用する地上のシステムと比較すると伝送品質的に課題がある．

演習問題

（1）　無線通信の利点を述べよ．

（2）　フェージングの影響を除く方法について記せ．

（3）　移動通信における大ゾーン構成と小ゾーン構成の違いを述べよ．また，現状，どちらの構成がとられているか，理由とともに述べよ．

（4）　静止衛星と周回衛星の特徴について述べよ．また，通信に利用する場合，どのような利用がなされているかを述べよ．

参考文献

1)　山口開生，中込雪男監訳：情報通信システム，丸善（1990）．
2)　瀬川　純：ディジタル無線，電気通信協会（1995）．
3)　木下耕太：移動通信サービス，電気通信協会（1994）．
4)　瀬川　純：衛星通信，電気通信協会（1994）．
5)　井上伸雄：通信の最新常識，日本実業出版社（1993）．

9. マルチメディアトランスポートネットワーク

ここまでに説明した伝送技術を組み合わせたトランスポートネットワークの基本事項を学ぶ.

（1） トランスポートネットワークとはいかなるものか.

（2） クロスコネクト機能と網的切替え技術.

（3） 電話やIPなどがどのように伝達されるか.

日ごろ使っているネットワークがどのような仕組みで成り立っているか理解を深めてほしい.

9.1 トランスポートネットワーク

a. トランスポートネットワークの機能

これまでに説明した伝送技術を用いて，現在の電話サービスや今後増大するインターネットをはじめとするマルチメディアサービスが，どのように伝達されるか，その仕組みを説明する.

電話の接続には交換機が用いられ，電話番号により，通話相手までの空いている経路を見つける機能を持っている[1]. インターネットでは，IP (internet protocol) という仕組みにより，情報は目的地まで届くが，経路を見つける（ルーティング）装置はルータと呼ばれる．これら，交換機やルータはこれまでに説明した伝送システムにより接続されている．そこで，ネットワークを機能により階層化して示すと，図9.1のようになる．交換機のように情報が通る経路を選び相手に届ける機能を持つ装置で構成されるスイッチングネットワーク（switching network）と，伝送システムのように情報を転送する機能を持つ装置で構成されるトランスポートネットワーク（transport network）が役割分担をしている.

このとき，交換機と交換機の間は伝送路だけで結ばれているように思われるだろう．しかし，実際のネットワークでは，伝送路にできるだけ多くの信号を多重化して伝送路の収容効率を高め，伝送コストを安くするための仕組みが用いられている．

電話では交換機が空いている経路を見つけて接続するといったが，これは，伝送フレームでみると，図9.2のように1タイムスロットが送信者から受信者まで予約された状態に対応する．このような経路を回線と呼ぶ．交換機間には需要に応じて何本かの回線（circuit）が設定されており，このなかから空いている回線を選んで接続する（交換機間にどの程度の回線数を用意すればよいかを算出するために開発された理論がトラヒック理論である[1]）．

しかし，交換機間に必要である回線数と伝送システムの回線容量は通常一致し

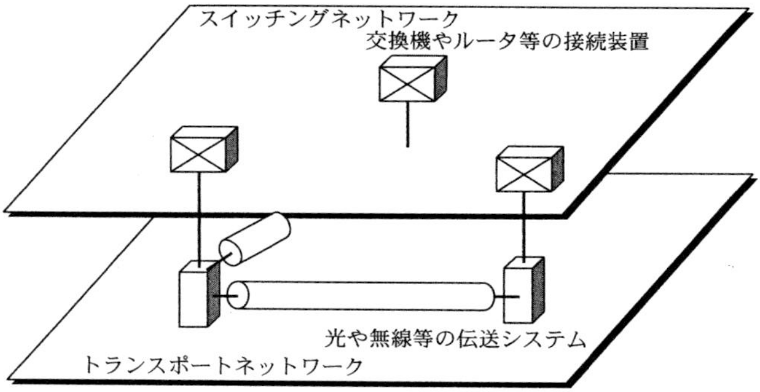

図 9.1　ネットワークの階層

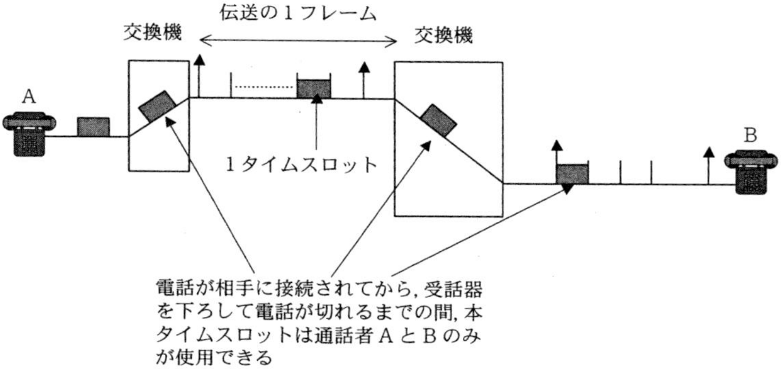

図 9.2　電話が接続されているときの仕組み

ない．たとえば，STM-1を用いた伝送システムの回線数は，STM-1の情報領域のタイムスロット数が2016バイトであるので，64 kb/s換算で2016回線である．STM-4はこの4倍，STM-16は16倍というように離散的な値である．

そこで実際にどのような状況が発生するか，例を用いて説明しよう．図9.3(a)に示すように3カ所に交換機が置かれていたとする．3カ所の交換機をそれぞれ伝送システムで相互に接続しているが，各交換機間に必要な回線数は伝送システムの容量に比べると少ないために，伝送システムには空きが多く無駄が多い．そこで考えられた案が，図9.3(b)のように，1局(例ではA)に新しい装置Xを置き，伝送システムはA—B，A—C間だけにして，“X”でおのおのの伝送システムのなかからC—B間の回線を抜き出して，C—B間の直結回線を構成することである．この特徴は以下のようである．

① 伝送システムの数を減らすことができ，コストを下げることができる．

② 複数の交換機間の回線を束ねると，2点間の容量が増えるので，大容量の伝

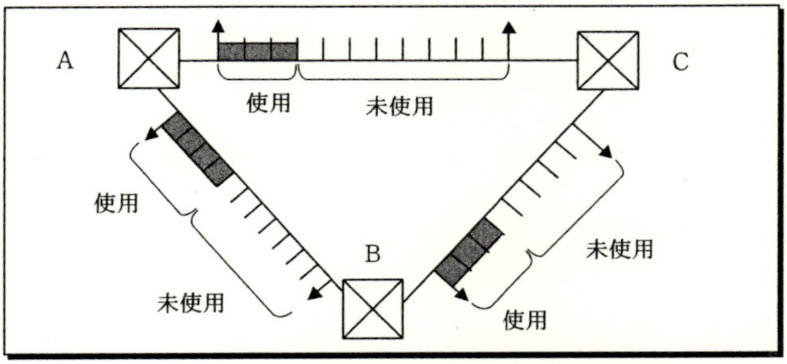

（a） A-B-C間をおのおの伝送路で接続

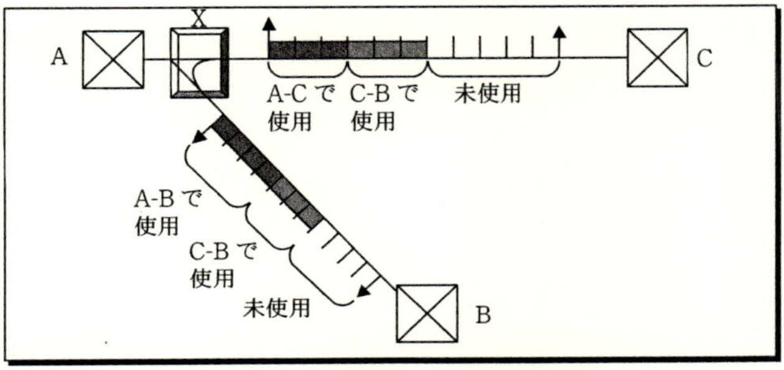

（b） B-C間の通話はA地点を経由

図 9.3 トランスポートネットワークの役割

送システムを用いることができる．4章で説明したように大容量伝送システムほど回線当たりの伝送コストは安くなる．

③ 装置“X”分だけコストが増加する．

伝送システム数を減らす構成としては，図9.3(b)のほかに，装置“X”を用いないで，B—C間の通信のときはA局の交換機をいったん経由する案もある．このときはA局の交換機は大きな処理容量を必要とする．

装置“X”はディジタルクロスコネクトシステム(digital cross-connect system：DCSまたはXCと略称)といわれる．1970年代ディジタル網が本格的に導入されたとき，アメリカのAT&Tと日本のNTTで開発された[2,3]．クロスコネクトシステムでは，回線ごとに故障の管理や回線の設定のような運用を行うよりは，複数回線を1つの束として運用したほうが，運用コストを低くできるので，交換機間に設定される回線は，束で運用する．このような回線の束をパス(path)と呼ぶ．4.6節で説明したSDHフレームの多重化はバーチャルコンテナが基本となっているが，バーチャルコンテナがパスに相当する．ネットワークを安く作るためには，パスの概念が重要であるので，SDHフレームを作るときに，パスを基本としたフレームが考えられた[4]．

ここまでの説明を整理すると，2つの交換局間の接続方法は，

① 伝送システムで直結する．

② クロスコネクトシステムを介してパスで接続する．

③ 交換機を介して回線で接続する．

実際のネットワークでは，交換機間のトラヒック量，局間の距離，伝送システム，クロスコネクトシステム，交換機のコストを用いたコストシミュレーションにより，最も安い形態がとられている．たとえば，現在の日本では家庭や企業の電話線を収容している電話局は数千局以上である．そこで，ごく概略的にいえば，非常にトラヒック量の多い区間は①，非常にトラヒックの少ない区間は③，中間が②であり，この組合せで現在のネットワークが構成されている[5]．

図9.1でネットワークの階層化を示したが，このなかのトランスポートネットワークをさらに詳しく眺めると，光ファイバや無線というような伝送媒体を用いて信号を伝送する狭義の伝送システムと，この伝送システムを効率よく経済的に利用するための機能に分けられる．後者の代表的な機能が，上記で説明した，伝送路間でパスの入れ換えを行うクロスコネクト機能である．

トランスポートシステムはクロスコネクト機能により，伝送路の収容効率を高めるとともに，伝送路故障時には伝送路やパスの自動切替え（APS：automatic protection switching）を行い，スイッチングネットワークに対して，高品質で経済的な信号の伝達を保証する．このようにネットワークの故障に対する信頼度の向上技術をリストレーション（restoration）という．

b.　マルチメディア通信に向けたトランスポートシステム

現在世界各国ではSDH方式の導入が進んでおり，SDHトランスポートシステムが用いられている．そして，マルチメディア通信に向けて，ATMやWDMのような新しい多重化技術が開発され，導入されつつある．ATMでも同様にパスが定義され（バーチャルパス：virtual path[6]），ATM多重化を用いたATMトランスポートシステムにより，ATMネットワークを経済的に構成できる．さらに，WDMにおいても多重化できる波長数が飛躍的に増大できるようになってきており，波長をパスと見なす（光パス：optical path）光波トランスポートシステムの概念も研究されている[7]．

ここまでは，サービスとして電話を例にとり説明してきた．電話は通話を始める前に経路を選択し，通話継続中は選択した経路で通信を行うが，このような形態をコネクション型（connection oriented）通信という．一方，インターネットのようなサービスは，パケットを用いて情報が運ばれるが，このようなサービスでは基本的に通信の前に経路を設定するのではなく，送信するパケットごとに経路を選択する．このような形態は，コネクションレス型（connection-less）通信と呼ばれる．

インターネット通信ではIPのルーティングを行う装置はIPルータと呼ばれる．IPパケットはIPルータを順次経由して目的地に到達するが，a項の交換機をIPルータに置き換えた方法でIPネットワークを構成できる．IP通信では，1つの通信のなかでもIPパケットにより，異なる経路をとることがあり，電話とは大きく異なる点である．しかし，IPルータ間を接続することを考えると，a項の①-③の方法を適用することができ，トランスポートシステムの有効性がわかる．経済性，IPサービスの品質などからどのトランスポートシステムがIP通信に適するかについては，現在結論は得られておらず，研究中の課題である．

c.　クロスコネクト機能

クロスコネクト機能は図9.4に示すように，ネットワークにおいて以下の機能

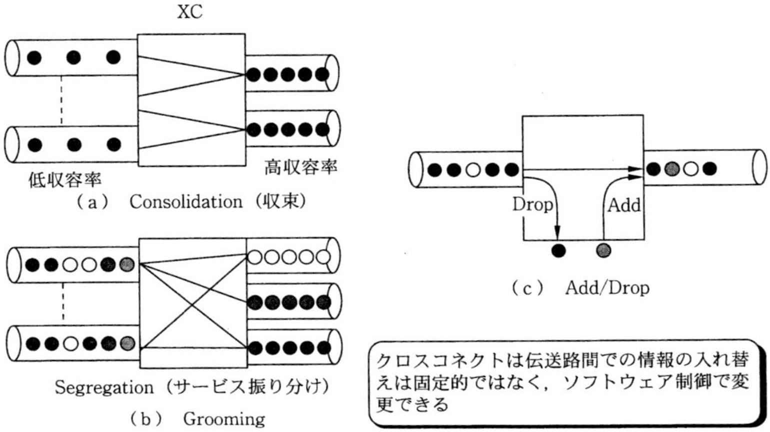

図 9.4　クロスコネクト機能

を果たす.

① 収束機能：収容率の低い伝送路のパスを集めて，伝送路の収容率を高め，伝送コストを安くする機能のことである（図 9.4(a)）. この機能を利用した例が図 9.2 の構成である.

② サービス振り分け機能：1 つの伝送路に多重化されている複数のサービスパスを振り分けて，各サービスノードに接続する機能のことである. 図 9.4(b) で模様のついた丸がサービスごとのパスを示し，異なる模様はサービスが異なることを示す. 例としては，アクセス系で複数のサービスを 1 つのアクセスラインで提供することがある.

③ 分岐挿入機能：1 つの伝送路から特定のパスを抜き出したり，挿入する機能のことである（図 9.4(c)）.

クロスコネクト機能を持ったトランスポートシステムとして代表的な装置は，クロスコネクト装置（XC：cross-connect system）と分岐挿入多重化装置（ADM：add-drop multiplexer）である.

トランスポートネットワークのトポロジーとしては，図 9.5 に示すように，スター形，メッシュ形，リング形が代表的である. アクセス網ではスター形が多いが，大都市内のユーザを接続するためにアメリカなどではリング形も用いられている. 中継網にはメッシュ形およびリング形が用いられている. スター網およびメッシュ網のクロスコネクト機能は XC により行われる. リング網では ADM に

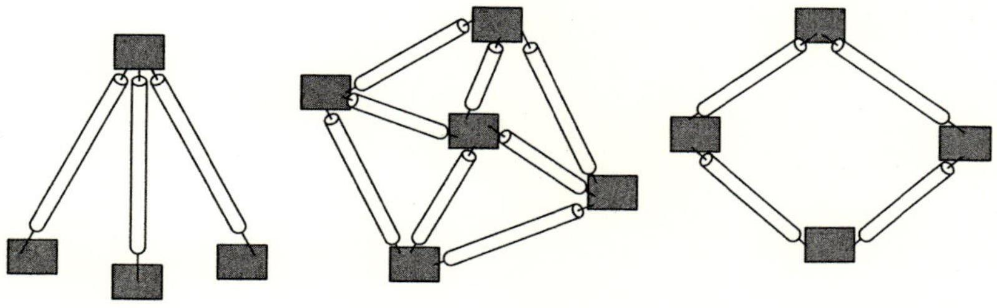

図 9.5 トランスポートネットワークの主要な形態

よりクロスコネクト機能が実現されている．さらに，複数のリング間を接続するためにXCが用いられている．

9.2 網的切替え

社会全体がネットワークに依存する度合がますます高まり，通信ネットワークは重要なライフラインである．そのため信頼度の高いネットワークが求められ，トランスポートネットワークは重要な役割を果たしている．信頼度を高めるためには，システム個々の要素の信頼度を上げるとともに，ネットワークのどこか一部が故障しても，全体の通信が止まらないようにできれば，ネットワークの信頼度は向上する．そのためには，各ノード間に2つ以上の経路を持たなければならない．

このようなネットワークトポロジーを前提として，経路のどこかで異常が発生したときの対処方法として図9.6に示すように2通りある．第1の方法は，スイッチングネットワークの装置でルーティングを行うときに，正常な経路を選ぶことにより，故障を回避する方法である．第2の方法はここで説明したトランスポートネットワークでサービスとは独立に，故障を検出したら即時に伝送路あるいはパスを切り替える方法である．一般にトランスポートネットワークで切り替えるほうが高速である．本書ではこのうちトランスポートネットワークで切替えを行う方法を紹介する．

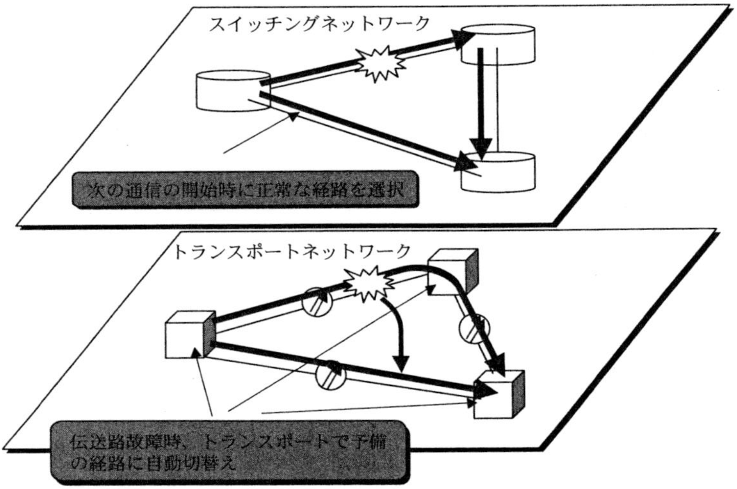

図 9.6　ネットワーク故障時の対策法

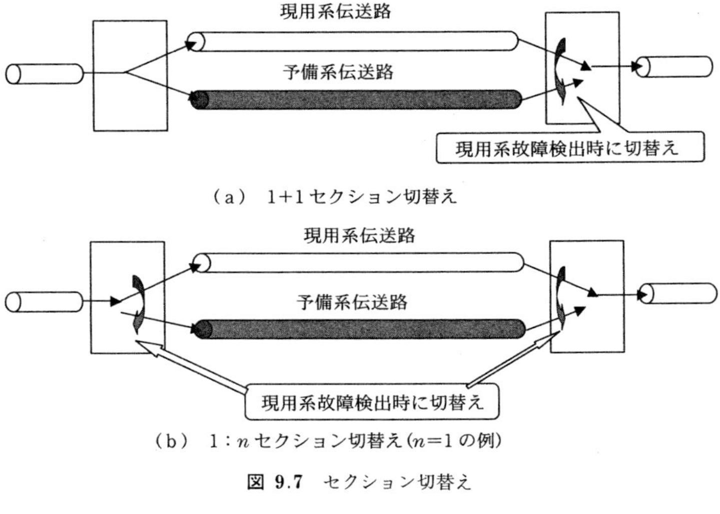

図 9.7　セクション切替え

a.　伝送路（セクション）切替え

現用系（working channel）の伝送路（SDH であれば，1 つの STM-N の信号が流れている）に故障が発生したとき，自動的に予備系（protection channel）の伝送路に切り替える方式である．図 9.7 に 2 つの切替え方式を示す．図（a）は 1

つの現用系に対して1つの予備系を持ち，送信側では現用系と予備系に同時に信号を流し，受信側で現用系に故障を発見したとき，予備系を選択する1+1（英語では，one plus one という）方式である．図(b)は n（n=1も含む）個の現用系に対して1個の予備を持ち，1つの現用系が故障したとき，送信側と受信側で故障した現用系を予備系に切り替える1：n（英語では one for n という）方式である．1：n 方式では予備系に対して，① 予備系には信号を流さない，② どれか1つの現用系の信号を流す，③ 現用系が故障時には切断されてもよい信号(extra traffic）を流す，の3つのうちのいずれかの方式を選択できる．

この切替えは対向するセクション終端装置（たとえば，LTMUX や XC）間で行われる．セクション終端装置や中継器で入力断や伝送路誤りを検出したとき自動的に切り替えたり，保守者の制御により強制的に切り替えたりできる．伝送路が故障したとき，セクション終端装置が故障を検出する方法は7.2節で説明した．故障検出後セクション終端装置間で制御信号をやりとりしながら切替えが行われる．この制御信号は，SDH では予備系伝送路の SOH の K1，K2バイトを用いて伝送される．K1，K2には切替え要求コマンドや切替えが必要な伝送路番号などが定義されている．

b. パス切替え

パス切替えは，ネットワークの故障時にパス単位に切り替える方法である．実際にパス切替えを行う装置は，クロスコネクト装置である．セクション切替えとパス切替えを比較すると，伝送路が故障したとき切り替える本数としては，セクションよりパスのほうが多いので，パス切替えのほうが切替えに要する時間が長くなる．しかし，予備容量はパス切替えのほうが少なくてすむので，パス切替えのほうが経済的である．パス切替えのアルゴリズムは，予備パスの経路選択の自由度が高ければ高いほどアルゴリズムが複雑であり，非常に多くの研究がなされてきた．パス切替えの方法は以下のような項目で分類できる[8,9]．

（1） 切替え制御：集中制御型（centralized）vs 分散制御型（distributed）

予備への切替えは，① 故障検出，② 予備パス検索，③ 切替え制御の3段階の手順を踏んで実行される．集中制御型はこれら3つの手順を1カ所のセンタで集中して制御する方法である．一方，分散制御型は各切替え装置に制御機能を持ち，装置間の通信により3段階の手順を実行し切り替える方法である（図9.8）．

集中制御方式は切替え制御に関する情報を1カ所に集めて行うので，最も望ま

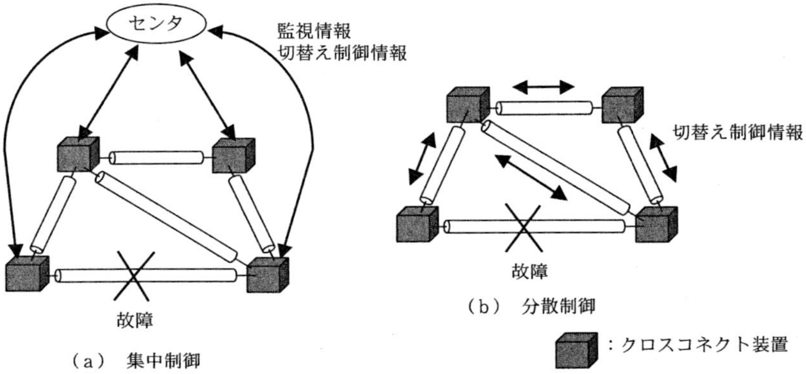

図 9.8　集中制御型と分散制御型

しい予備パスを検索できる．しかし，切替え情報の伝達や，実際の切替え制御に時間がかかり，一国単位の巨大なネットワークを集中制御で運用しようとすると，切替え時間は数分から数十分を必要とする．

一方，マイクロプロセッサの能力が高くなり，各装置に高能力で低コストの制御系を搭載できるようになり，分散制御方式が可能となっている．分散制御による切替え方式をセルフヒーリング（self-healing）と呼んでいる．

（2）　予備パスの検索：事前検索型 vs ダイナミック検索型

事前検索型は，事前に現用パスに対して予備パスを設計しておく方法である．ダイナミック検索型は故障時にネットワークの状態を監視して切替え先のパスを検索して切り替える方法である．

ダイナミック検索型は網の状況に柔軟に対応できるので信頼性が高いが，大規模なネットワークでは，切替え時間が長くなってしまう．実際には事前検索型が用いられることが多く，ITU-T で勧告化されている ATM VP の自動切替え方式（APS）は，事前検索型である．

（3）　切替え範囲：パス端切替え型 vs 故障端切替え型

パス切替え範囲を図 9.9 に示す．パス端切替え型はパスのどの区間が故障しても，パスの始点と終点で切り替える方式である．一方，故障端切替え型は，パスの中の故障した区間分だけを切り替える方式である．実際には切替えアルゴリズムの簡単なパス端切替えが用いられることが多い．

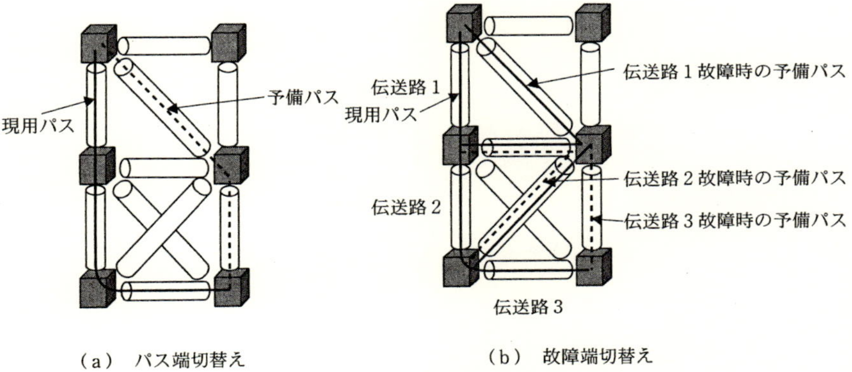

図 9.9 パスの切替え範囲

(4) 現用パスと予備パスの対応関係：予備非共用型 vs 予備共用型

予備非共用型は 1+1 あるいは 1：1 のように，1 本の現用パスに対して 1 本の予備パスを持つ方式である．一方，予備共用型は 1：n（n は 2 以上）のように，n 本の現用パスで 1 本の予備パスを共用する方式である．

(5) 予備パス帯域：予備帯域非共用型 vs 予備帯域共用型

予備帯域非共用型は，各予備パスが独立に帯域を持ち，予備パス間で帯域の競合がない方式である．予備帯域共用型は予備パス間で帯域を共用し，予備パスに割り当てる合計帯域が，各予備パスの帯域の合計より少ない方式である．これらの関係を図 9.10 に示す．同図から明らかなように，異なる伝送路を通過する現用パス同士で予備パスの帯域を共用すれば，伝送路が 2 カ所で同時に故障しない限り，救済ができる．

c. リング網切替え

前項で説明したセクションとパスの切替えは一般論としてどのようなトポロジーのネットワークにも当てはまる．しかし，SDH/SONET リング網に適した切替え方式が実用に供されているので，項目を分けて説明する．

リング網は図 9.11 に示すように，最低 1 芯のファイバがあれば双方向通信が可能である．しかし，この形態ではファイバが切断されたりすると通信が途絶してしまう．そこで，リングの故障時にも通信が途絶しないために，ファイバを 2 芯あるいは 4 芯用いた方式が開発されている．切替えの仕組みとしては，リング内のセクションで切り替える方法と，パスで切り替える方法とがある．ファイバの

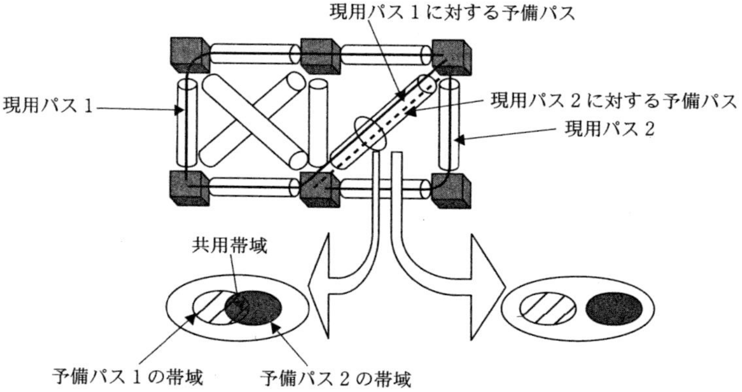

（ａ）予備帯域共用型　（ｂ）予備帯域非共用型

図 9.10　予備パス帯域

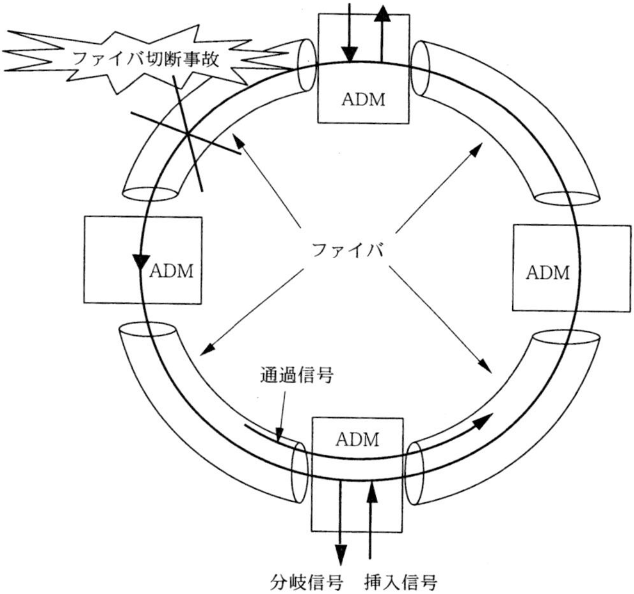

図 9.11　１芯のファイバで構成されるリング網

本数と切り替える仕組みの組合せで，多くの方法が研究されている[9)]．本書では，現在最も多く使用されている，２芯のファイバを用いた片方向パス切替えリング（UPSR：uni-directional path switched ring）と双方向セクション（ライン）切替えリング（BLSR：bi-directional line switched ring）を説明する.

UPSRは図9.12に示されているように，2芯のファイバのうち1芯を用いて双方向の現用パスを伝達する方式である．予備パスは残りの1芯を用いる．送信端（同図ではA点とD点）では現用パスと予備パスに同じ信号を流すような構成となっている．受信端（AからD方向ではD点，DからA方向ではA点）では，常時現用パスに異状がないかどうかを監視している．この方法は，受信点（たとえばD点）ではその直近区間（同図では区間C—D）であれば，光入力断やセクションオーバヘッドの誤りを監視する．また，それ以外の区間（たとえば，B—C）が故障すれば，パスAISがD点で監視できる．現用パスに異常が検出された場合には，受信端で予備パスを選択することにより，パス切替えが実現される．BLSRのような切替え手順を必要としないので，切替え時間が短いという特徴がある．リングの伝送方式をSTM-Nとすると，各ADM間で使用できる最大容量はSTM-Nである．また，1つの双方向パスでリングの全周を使用するので，パスの形態に関わらずリング網全体で利用できる容量の合計もSTM-Nである[10]．

BLSRは図9.13に示すように，現用パスは対になっている2芯ファイバを用いて，双方向通信を行う方式である．2点間の現用パスの選び方は2通り存在するが，通常は最短経路になるほうを現用パスとする．予備パスはリング内を1周分あらかじめ設定される．リングの伝送方式をSTM-Nとすると，各ファイバでは同図に示すように，STM-N/2の容量を現用パスに，同じくSTM-N/2の容量を

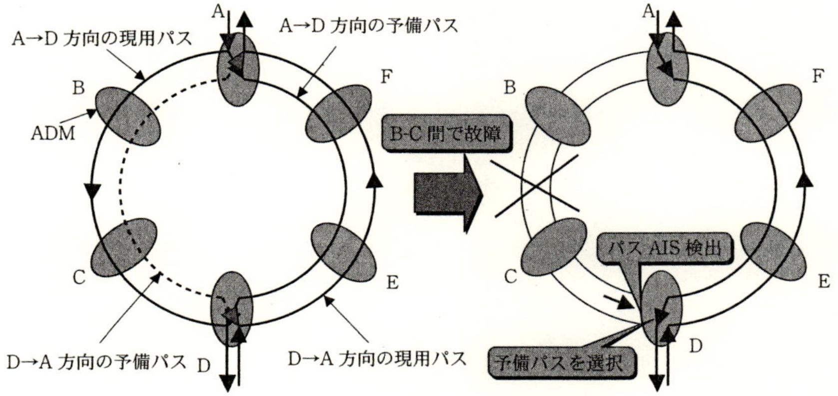

図 9.12　UPSR

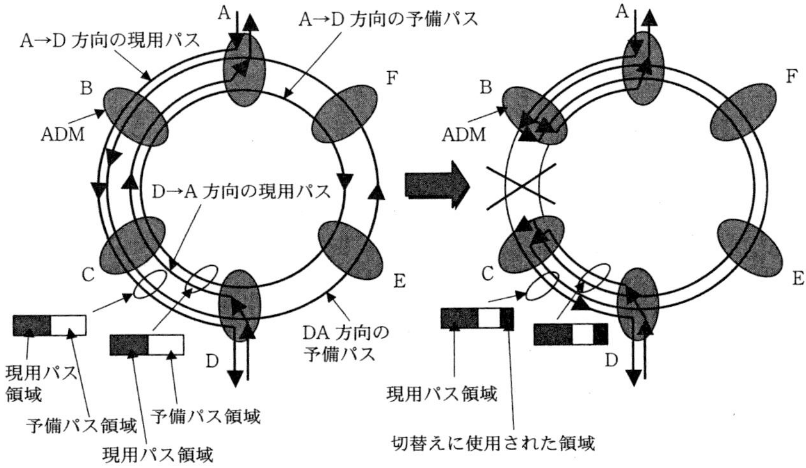

図 9.13　BLSR

予備パスに割り当てていることになる．故障監視および切替え動作はセクションレベルで行われる．また，2 カ所の同時故障は考えなければ，区間が重ならない現用パス同士では，予備パスの帯域を共用できる．

故障が発生した場合の切替えの方法を同図により説明する．B—C 区間で故障が発生したとすると，B 点と C 点の ADM 装置が故障を検出する．たとえば C 点の ADM 装置では SOH の K 1，K 2 バイトに，切替え要求コマンド，宛先ノード番号（C 点が送出するときは B 点のアドレス），送信元ノード番号などを挿入し，D 点方向に K 1，K 2 を送信する．このとき，途中のノード D，E，F，A は宛先ノード番号が自分ではないので，この K 1，K 2 の情報を次のノードに向けて通過させる．このような動作により，B 点と C 点間で切替え手順が実行され，図に示すように B 点と C 点で反時計回りのセクションと時計回りのセクションが接続される（セクションのループバック）．これにより，A → D 方向の現用パスは，A → B → B → A → F → E → D → C → C → D のパスに切り替えられる．

各 ADM 間で使用できる最大容量は STM-N/2 である．しかし，UPSR と異なり，リング網全体で利用できる容量の合計はパスの形態により異なり，最小値が STM-N で最大値は M×STM-N/2 である．ここで，M はノード数である[10]．パスがリング内で分散するほうが，リング網全体で利用できる容量の合計値が大きくなる．

故障切替え時間はサービスの品質に影響を及ぼすので，できるだけ短いことが望まれる．ITU-T 勧告では切替え時間の要求値を 50 ms 以下としている．

9.3 SDH トランスポートシステム

a. SDH トランスポートネットワークの仕組み

SDH 多重化は 4 章で説明したように，バーチャルコンテナを基本とした多重化構造を持っている．SDH の多重化方法によりどのようにトランスポートネットワークが構成されるかについて説明する．

SDH 多重化構造をコンテナを運ぶトラックに例えて説明しよう．図 9.14 は現実とはやや異なっているかもしれないが，高速道路が光ファイバに対応するものと考える．コンテナを運ぶトラックが STM-N 信号に対応し，小さなトラックはたとえば STM-1, 大きなトラックは STM-4 ということになる．運ぶ荷物が多い地域には大きなトラックが必要で，荷物が少ない地域は小さなトラックでよいことから複数種類の STM 信号が存在する意味が理解できよう．

SDH との対応でいうと，トラックは隣合った基地局間のみを運行することになる．トラックにはコンテナ（荷物）が積まれており，コンテナの大きさは規格

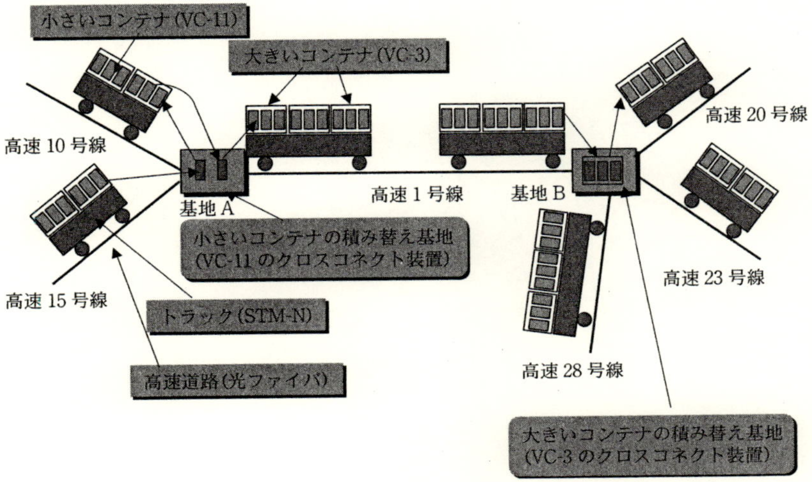

図 9.14 SDH トランスポートネットワークの仕組み

化されており，この例では，大きいコンテナと，小さいコンテナの2種類を示している．図では，大きいコンテナの中に小さいコンテナが入っているが，小さいコンテナが入っていない場合もある．このコンテナが，SDHのバーチャルコンテナに対応する．

基地局に到着すると，そこでコンテナを積み替える．このとき，ある基地局では，大きいコンテナ単位で積み替え，また別の基地局では小さいコンテナ単位で積み替える．積み替えるためには，到着したコンテナをどこへ積み替えたらよいかという情報が必要である．そこで，各道路には番号が付与され，トラックの上のコンテナ位置にも番号が付与されている．基地局では，ある道路の何番目のコンテナは，どの道路の何番目のコンテナ位置に積み替えるか，あらかじめ決められている．このような積み替え情報はデータテーブルに記載されて保存されている．この積み替え基地局が，クロスコネクト装置に相当する．クロスコネクト装置は，コンテナを積み替える機構と，積み替え情報を保存するデータテーブルに相当する機能を有する．

b. トランスポート装置

クロスコネクト装置もADM装置も基本的な構造は同じであり，基本ブロック構成を図9.15に示す．

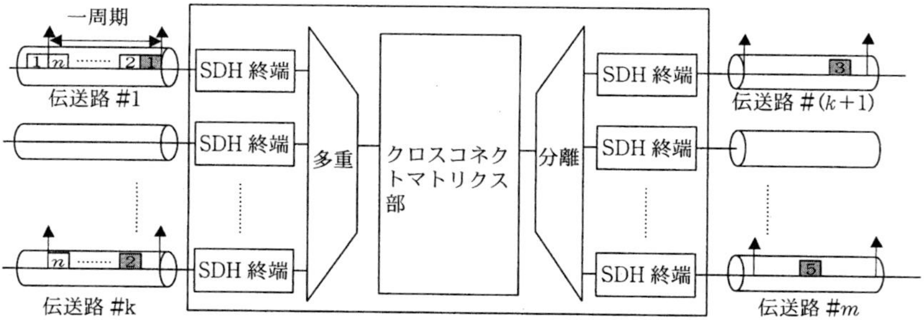

接続テーブル

入力		出力	
伝送路番号	タイムスロット番号	伝送路番号	タイムスロット番号
1	1	m	5
k	2	$k+1$	3
⋮	⋮	⋮	⋮

図 9.15　SDH クロスコネクト装置

インタフェース部ではSDHフレームのセクションオーバヘッドの終端を行う．これは，フレーム同期をとり，伝送路での符号誤りの監視や，警報の監視を行うことである．次にポインタによりバーチャルコンテナの先頭位置を認識する．

装置の基本部分はバーチャルコンテナを伝送路間で入れ替える，クロスコネクトマトリクス部である．具体的には各伝送路のSDHフレームのタイムスロットの入れ替えである．どの伝送路の何番目のタイムスロットを，どの伝送路の何番目のタイムスロットと入れ替えるかを指示する接続テーブルにしたがって，タイムスロットの入れ替えが行われることにより，バーチャルコンテナの入れ替えが実行される．これが先に説明したコンテナの積み替え機構に相当する．クロスコネクトマトリクス部は，ディジタル交換機で用いられる，時間スイッチ（Tスイッチともいわれる）[1]と同一の形式で構成される．

時間スイッチは図9.16に示すように，入力信号を一時的に蓄えるデータメモリと，入力伝送路と出力伝送路間で信号を入れ替えるための位置情報を保存するアドレス制御メモリで構成される．この例では入力側は，タイムスロットの番号順にデータメモリのアドレス番号の1番から順に書き込む．アドレス制御メモリのアドレス n 番には，データメモリのアドレス n 番の情報を，出力側の何番のタイムスロットに読み出すかが書かれている．図9.15に示した接続テーブルを具体化したものがこのアドレス制御メモリである．アドレス制御メモリの内容（パス設

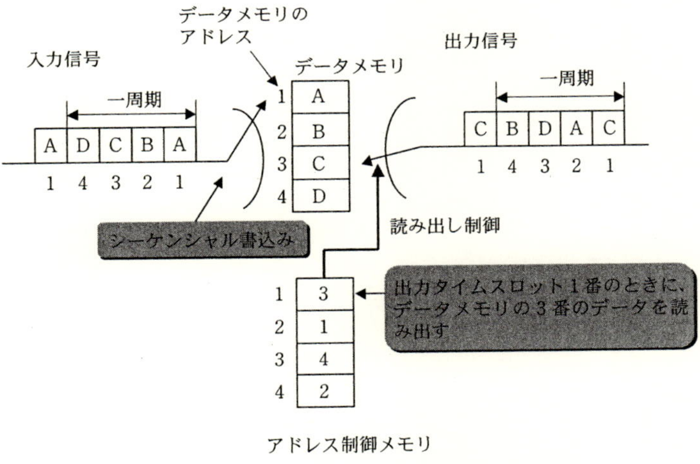

図 9.16 クロスコネクトマトリクスの構造（Tスイッチ）

定情報）は，クロスコネクト装置の運用を行うオペレーションシステム（OpS）から与えられる．パス設定情報はネットワークの回線設計で決められるので，一回設定されると，ネットワークのトラヒックに大きな変動がないかぎり変更されない．すなわち，パス設定は半固定的な設定である．

大容量のクロスコネクト装置になると，時間スイッチ１段では構成が困難であり，空間スイッチ（Sスイッチ）と組み合わせて，たとえば，T-S-T構成などが採用される．

9.4 ATMトランスポートシステム

a. ATMトランスポートネットワークの仕組み

ATMネットワークではSDHのパスに相当する機能として，バーチャルパス（VP）が定義されている[6]．図9.17のように伝送路のなかに複数のVPが定義され，さらにVPのなかに回線に相当するバーチャルチャネル（VC）が定義される．VP，VCはセルのヘッダ領域のVPI（virtual path identifier）とVCI（virtual channel identifier）の値により区別される．

通常，音声通信，ビデオ通信，IP通信などの各種サービスは，通信ごとに１つのVCを用いて行われる．これらのサービスを宛先に届けるために，図9.1に示したのと同じように，網内にはVCを交換するためのATM交換機やIPルータ

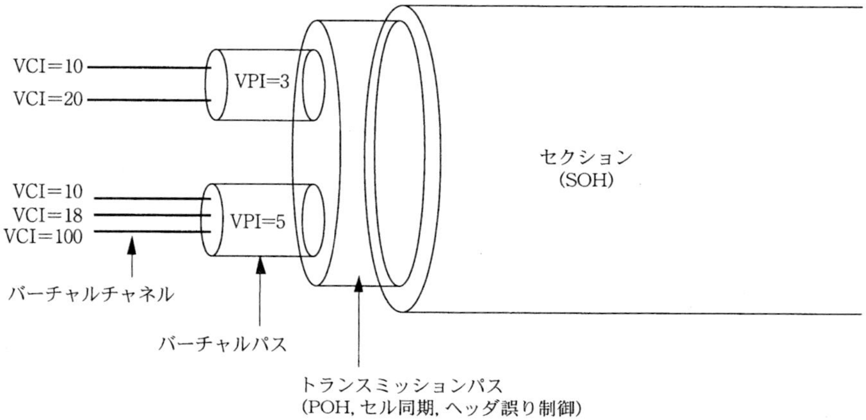

図 9.17　バーチャルパス

が配備される．ネットワークを安く実現するために，ATMネットワークでもVCを束ねた単位で運用する，クロスコネクト装置を用いた構成が考えられた．これがVPである．また，企業は事業所間に複数の回線を使った専用線を必要とすることが多く，このような場合には直接VPを使ったほうが効率がよい．そのためVPが直接ユーザまで届く形態もある．この形態を活用するのがATM専用サービスである．

SDHパスは周期的なフレームのなかで，決まったタイムスロット位置を占有する．このために，情報があるか否かにかかわらず，一度パスの設定を行うと，そのタイムスロット位置をほかの情報の伝送に使用することはできない．これに対して，ATMでは4章で説明したように，情報が発生したときのみユーザセルが伝送される．このために，情報が間欠的（バースト的）に発生するような場合は，ネットワークの伝送容量をユーザ間で融通し合うことが可能であり，ATMが効率的である．

また，SDHパスは，バーチャルコンテナ容量の種類が限定されるので，VC-11（約1.5Mb/s），VC-3（約50Mb/s），VC-4（約150Mb/s）というように，容量の間隔が開いている．そのため需要に応じてきめ細かくパス容量を選ぶということはできない．これに対して，ATMパスは必要に応じて自由な容量が設定できる．一般的にネットワークを使用するサービスの容量は多種多様であるので，多様なサービスを扱う場合にはATMパスのほうが効率がよいと考えられている．しかし，ATMはセルのヘッダ分だけ効率が悪くなる．

以上のように，SDHトランスポートとATMトランスポートはおのおの長所と短所を有する．一般的には，大容量のトラヒックを伝達する場合には，パス容量の種別は少なくてもよいのでSDHトランスポートが適し，多様なサービスを多重化する場合にはATMトランスポートが適すると考えられる．

b. トランスポート装置

ATMではクロスコネクト装置（ATM-XC）やADM装置（ATM-ADM）のクロスコネクトマトリクス部に，ATMスイッチを用いる．各種のATMスイッチ構成法が研究されているが[11]，代表的な形態を図9.18に示す．

入力バッファ型は，入力バッファと入出力ポート間でセルを入れ替える空間スイッチで構成される．セルはいったん入力バッファに蓄積され，出力ポートが空いたときに順次読み出される．このために，複数の入力ポート間での読み出しの

	入力バッファ	出力バッファ	共通バッファ	クロスポイントバッファ
構成例	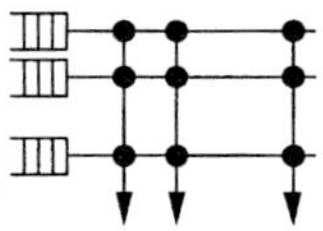	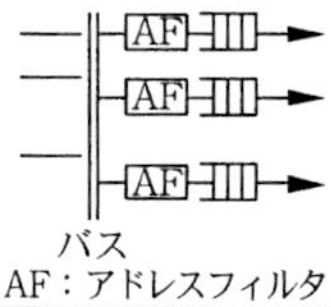	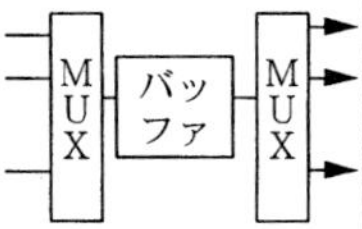	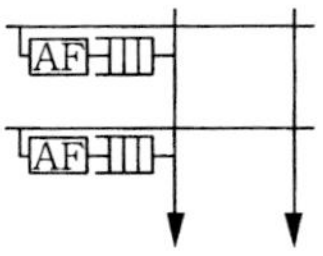
バッファ量	中	多	少	多
バッファ動作速度	低	高	高	低
遅延時間	出力競合制御法に依存	小	小	小

図 9.18　ATM スイッチの代表的構成法

制御が必要になる．

出力バッファ型は，入力セルを多重化し，宛先アドレスにより出力ポートに振り分ける．出力ポートごとにバッファを持ち，同一出力ポートに到着したセルは先着順でバッファに蓄えられ，順次伝送路に読み出される．

共通バッファ型は出力バッファをポートごとに持たず，共通に持つ．このためバッファ量は他の方式と比べて少ないが，動作速度を高速にする必要がある．

クロスポイント型は，入力と出力の数の積に相当するクロスポイントスイッチを持つ形態である．

同図に示したように各方式それぞれ特徴があり，必要なスイッチ規模や，LSI 技術などを勘案して，目的に合った方式が使われている．

VP の入れ替えを行う ATM-XC は，図 9.19 に示すように，ATM スイッチを用いた VP クロスコネクトマトリクスのほかに，入力の伝送路番号，VPI と，これが接続される出力の伝送路番号，VPI の対応を示す接続テーブル(VP ルーティングテーブル)を持つ[12]．ルーティングテーブルにしたがい，セルが伝送路間で振り分けられ伝送される．この説明でわかるように，ATM クロスコネクト装置の機能は，SDH クロスコネクト装置のタイムスロット番号が VPI に置き代わったと思えばよい．しかし，SDH ではタイムスロットは周期的に配置されるが，ATM では同一の VPI を持ったセルも通常周期性を持たない．このため，SDH と ATM ではクロスコネクトマトリクスのハードウェア実現法が大きく異なる．

VP ルーティングテーブルは，SDH のクロスコネクト装置と同様に OpS から

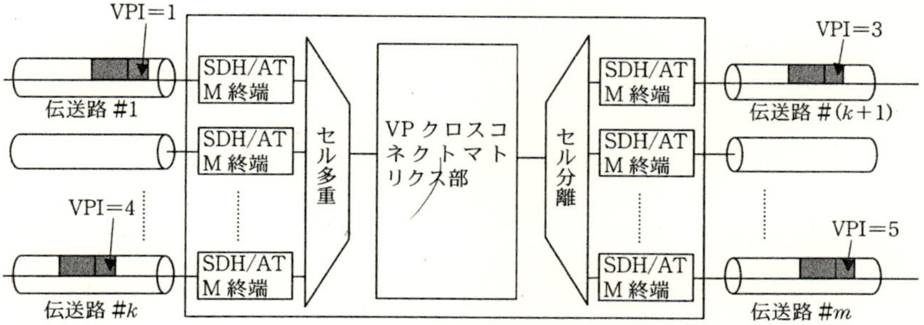

接続テーブル

入力		出力	
伝送路番号	VPI	伝送路番号	VPI
1	1	m	5
k	4	$k+1$	3
⋮	⋮	⋮	⋮

図 9.19　ATM クロスコネクト装置

設定される．また，VPI は ATM-XC のような VP 接続装置で値が変換される．

9.5 IP トランスポートシステム

a. IP と は

IP は OSI 7 階層モデルでは第 3 層のネットワーク層に対応する．第 3 層の最も重要な機能はルーティングである．ATM は第 2 層の一部機能を含むと考えられるが，これまで説明してきた伝送システムは第 1 層に対応している[13,14]．

IP は図 9.20 のようなパケットであり，ヘッダとデータ部で構成される．IP のパケットを IP データグラムと呼ぶ．ヘッダ部には発信元のアドレスと宛先のアドレスが含まれており，これをもとに IP ルータが IP データグラムを相手まで届ける．このときルーティングは IP データグラム単位に行うので(コネクションレス型)，1 つの通信が複数の IP データグラムに分割されている場合，複数の経路を通って情報が伝達されることがありうる．さらに，IP 通信の特徴的なことは，IP データグラムを “できる限り” 相手に届けようとはするが，確実に相手に届く保証はないことである．このような通信をベストエフォート (best effort) という[15]．相手に届いたかどうかの確認は，IP の上位に相当する TCP で行われる（図

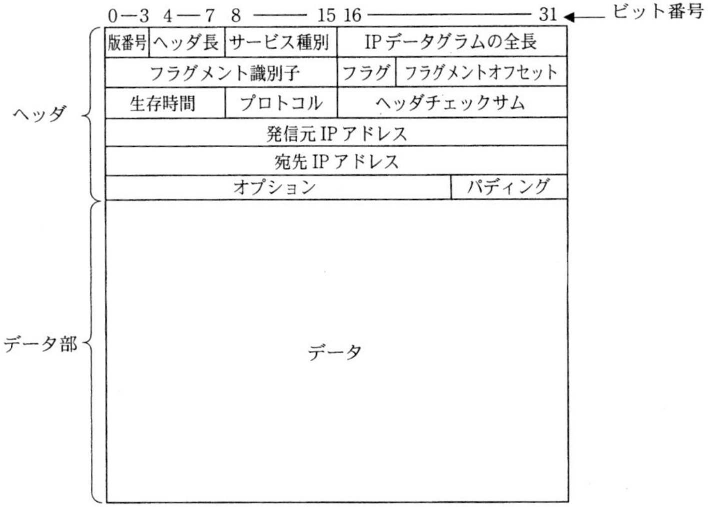

図 9.20　IPデータグラムの構成

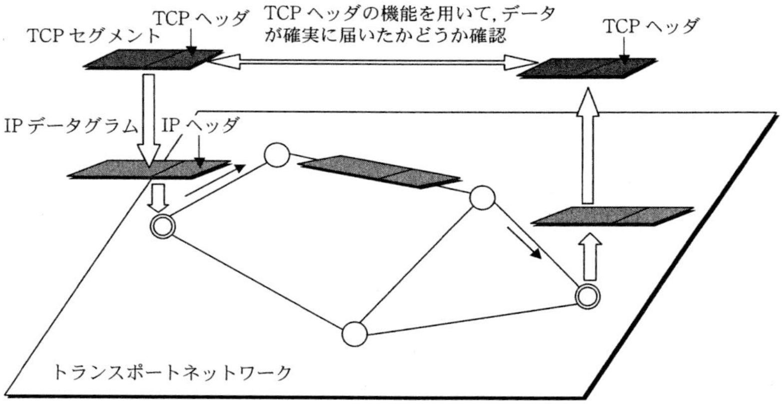

図 9.21　TCPの役割

9.21)．もし届いていない場合には，TCPのプロトコルにより送信側にIPパケットの再送を要求する．

b.　IPパケットの伝送の仕組み

これまでに説明した伝送システムの上で，どのようにIPパケットが伝送されるかを説明する．本書ではIP通信のためのおもに第1層と第2層に関して記述しており，TCP/IPの詳細については専門書を参照されたい[15]．

（1）　大学や事業所内のネットワーク

LAN（local area network）が用いられていることが多く，イーサネットは代表的なものである．10 BASE-Tはイーサネットの規格の1つで，第1層としてシールドしていない撚り線対ケーブルを用いた伝送速度10 Mb/sのLANである．第2層は図9.22に示すMAC（media access control）フレームであり，フレームの先頭表示やLAN内のアドレスが付与されており，その後にデータ領域がある．IPデータグラムはMACフレームのデータ領域に載せられて運ばれる[16]．データ領域は最大1500バイトの可変長であり，IPデータグラムの長さで決まる．IPデータグラムは最大65535バイトであるので，データ領域長より長いIPは，フラグメント（fragment）と呼ばれる複数の小さいパケットに分割され，もとのデータグラムとほとんど等しいヘッダがつけられて，複数のMACフレームで運ばれる[15]．

（2）　公衆通信網

ユーザ構内で公衆通信網との接続点では，通常ルータが置かれる．しかし，家庭などでインターネットを利用しているとき，インターネットの端末であるパーソナルコンピュータがルータを介さず，直接公衆通信網に接続されることも多い．

公衆通信網を使って両側のユーザが接続されるためには，IPを伝送するための

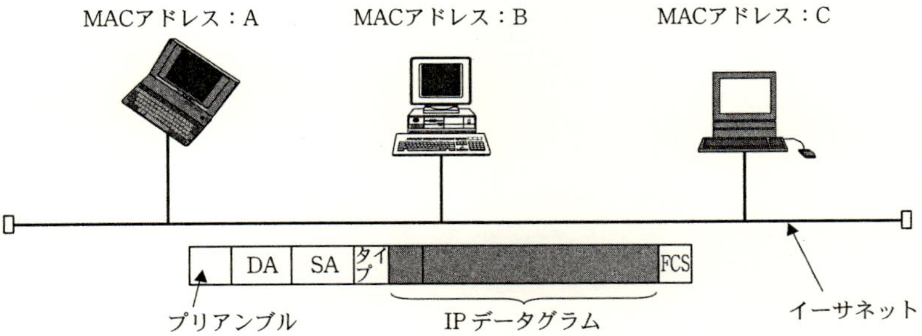

DA：イーサネット上の宛先MACアドレス
SA：イーサネット上の発信元MACアドレス
タイプ：イーサネットフレームのデータ部に入っているプロトコルを表示
FCS：誤り検出

図 9.22　イーサネットによるIPの転送

公衆通信網内の第2層が必要である．第2層として現在標準的に用いられているプロトコルが PPP（point-to-point protocol）である[14)]．

① SDH を用いた伝送：公衆通信網が SDH であれば，IP はバーチャルコンテナのペイロードに多重化される．このとき，IP データグラムの先頭位置識別などのために第2層の機能が必要である．現在は PPP が多く用いられている[17)]．図 9.23 に示すように，IP データグラムは PPP のデータ領域にのせられ，SDH のペイロードに多重化される．IP からみると SDH は単なる伝送のパイプであり，ある1つのパイプに多くの IP が集中すれば，ペイロードに IP を詰め込むルータで IP が紛失することが起こる．

IP は複数のルータを経由して伝送されるが，経由するルータ数が多くなるほど，IP が相手まで届く時間が長くなり，紛失する確率も高くなる．経由するルータ数を少なくする方法として，すべてのルータ間を伝送路で直結したり，SDH のパスで直結すればよいが，ネットワークコストと品質との兼合いが重要である．

② ATM を用いた伝送：ATM を用いる場合は，ATM が第2層の役割も果たしており，ATM セルのペイロードに IP データグラムが多重化される．ATM セルのペイロードは 48 バイトであり，通常 IP データグラムはこれより長い．そこで，1つの IP データグラムは分割されて複数のセルにのせられる．このとき，

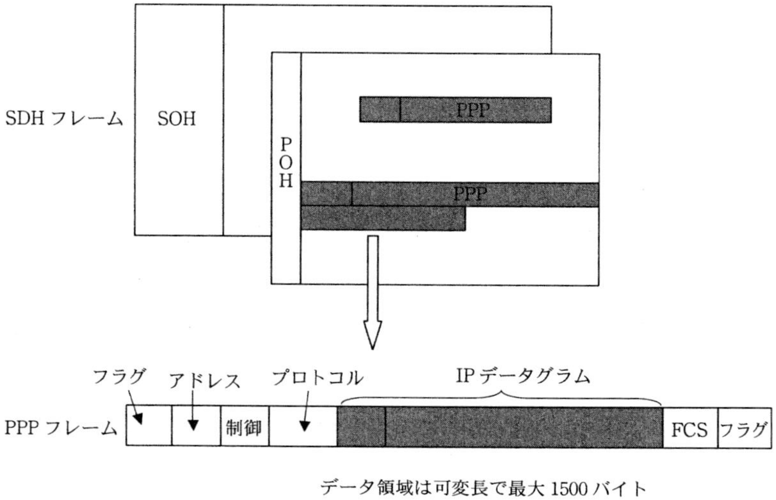

図 9.23 SDH による IP の転送

IPデータグラムをATMセルにのせるために，ATMアダプテーション層(AAL：ATM adaptation layer)を用いる．AALはサービスに依存しないATMレイヤに，要求条件の異なるメディアをのせるためのものであり，メディアごとのサービス条件の違いを吸収するための階層である．AALには5方式があるが，IP伝送には通常AALタイプ5（AAL 5）が用いられる．IPデータグラムは図9.24に示すように，コンバージェンス共通部副層(CPCS：common part convergence sublayer）に収容される．CPCSのトレイラーには32ビットCRC（cyclic redundancy check）が含まれ，CPCSのエラー監視を行う．トレイラーの中にはCPCS-PDUを48バイトの整数倍にするパディングが含まれる．CPCSは48バイト単位に分割され，ATMセルのペイロードに入れられる．このとき，IPデータグラムの前に，LLC(logical link control)とSNAP(subnetwork access point)を付加することが推奨されている[18]．LLCが3バイト，SNAPが5バイトであり，情報種別がIPであることを示す．

1つのIPデータグラムを収容する複数のATMセルには，同一のVCが割り当てられる（図9.25）．ATMセルのヘッダにある，ペイロードタイプ（PT）で，

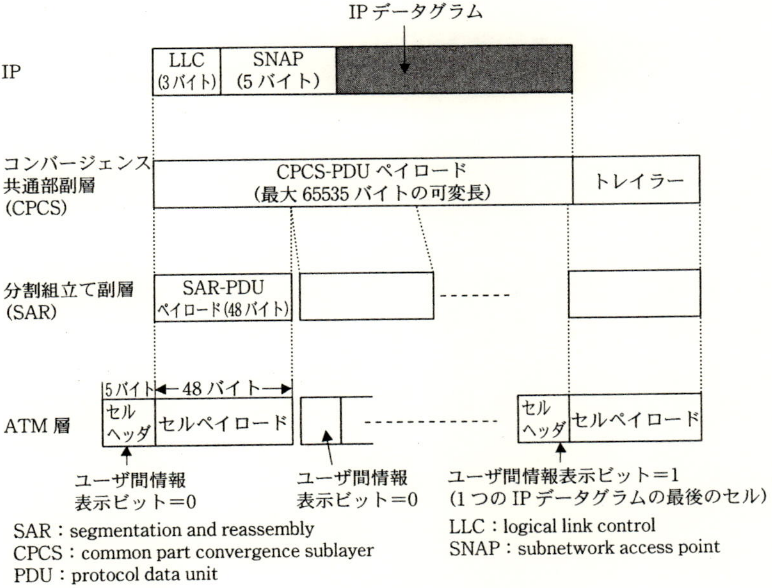

図 9.24　ATMを用いたIPの伝送

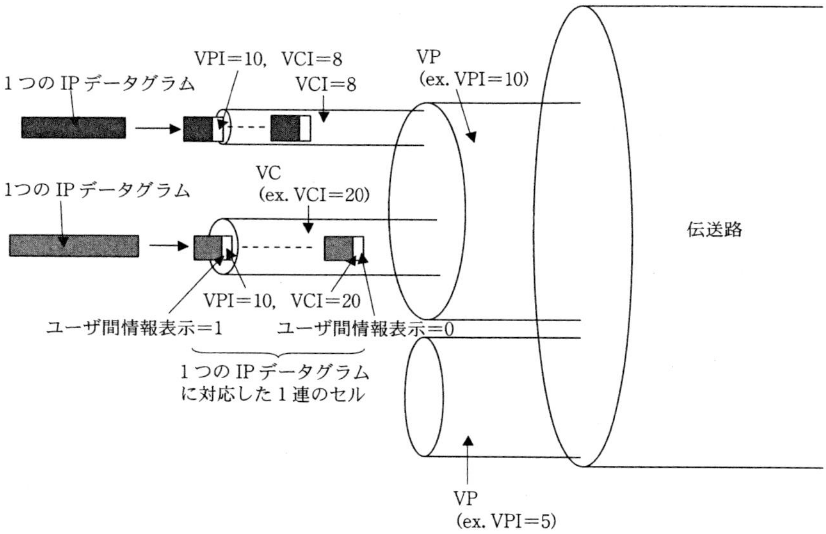

図 9.25　ATMによるIPの転送

IPデータグラムの最初と最後がわかる．データグラムの最後を収容するATMセルのPTのユーザ間情報表示ビットには，セルを生成するときに1が割り当てられる．1つのVC内で，複数のIPデータグラムが交互に入ることは許されていない．

ATMネットワークで1つのATMセルが紛失しても，受信側ではIPデータグラムとして不完全であるので，結局IPデータグラム全体の再送が必要となる．ATMスイッチでバッファが不足してATMセルが廃棄されるような状況のときには，不要なATMセルを伝送すると，網が混雑し，混雑がさらにATMセルの廃棄を誘発するという悪循環を発生させる．そこで，ユーザ間情報表示ビットを用いて，1つのIPデータグラム単位でATMセルを廃棄する，EPD(early packet discard) やPPD (partial packet discard) により，IP伝送が効率化される[19]．

IPの伝送方法はできる限り相手に届くようにするということであった．これがインターネットが非常に低コストで実現されている理由である．一方，ビジネス通信のように高品質を必要とするサービスもある．料金は高いが品質もよいサービスや，逆に料金は安くてそこそこの品質のサービスというように，多様な要求を持ったサービスを，一つのネットワークで提供するのにATMは適している．

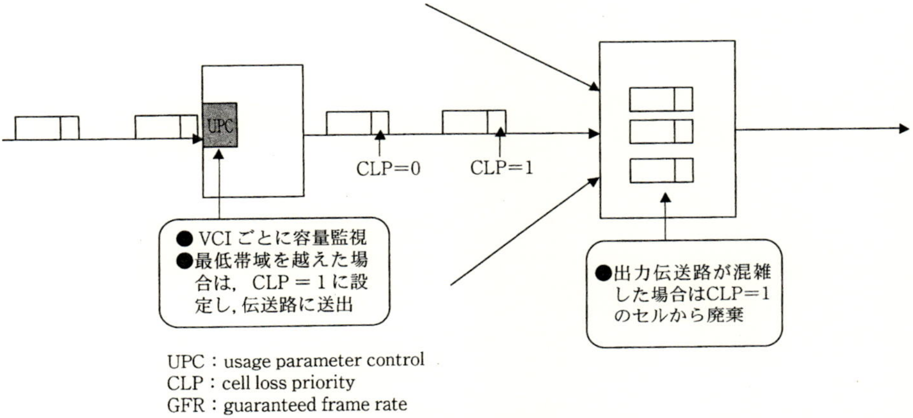
UPC
CLP=0
CLP=1
●VCIごとに容量監視
●最低帯域を越えた場合は，CLP＝1に設定し，伝送路に送出
●出力伝送路が混雑した場合はCLP=1のセルから廃棄
UPC：usage parameter control
CLP：cell loss priority
GFR：guaranteed frame rate

図 9.26 GFRの概略

CBR（constant bit rate）はセルを伝送するための帯域を固定的に確保しており，セル損失率や遅延時間を保証することができ，STMを模擬した方式である．これに対して，UBR（unspecified bit rate）はATM上で帯域を確保せず，帯域に余裕があればセルを伝送し，混雑していればセルを伝送しないというものである．IP伝送のベストエフォートと同様な方式である．これに対して，GFR（guaranteed frame rate）は，IPレベルでの最低帯域を保証し，ある程度の品質を安いコストで実現することをねらった方式である．図9.26のようにUPC（usage parameter control）でトラヒックを観測し，あらかじめ設定した最小帯域を越えた場合には，セルのオーバヘッドにあるCLP（cell loss priority）ビットを1にする．このとき，IPデータグラムごとにCLPを1とするか0とするかを決める．網内では混雑した場合はCLPが1のセルを優先的に廃棄する．

ATMは，SDHに比べるとIPに適したパスを，経済的に作れる可能性がある．そこで，ルータ間を直接接続する経路を増やし，IPが経由するルータの個数を減らすことにより，品質の優れたIP伝送が可能になる．

c. IP通信の展望

IPはインターネットだけでなく，ビジネス通信にも使われ始めており，さらに電話やビデオ通信などのような連続型情報の通信にも利用され始めている．そのために，ベストエフォートだけでは不十分であり，IPを高品質に伝送できることが必要になっている．そこで，IPの転送を行うルータや，第4層であるTCPの改良，帯域予約方法など多くの研究が続けられている．

ルータとしてはルーティング時間を短くしたり，大規模なネットワークで用いるようなGb/sやTb/sのスイッチ容量を持ったルータが開発されている．また，ルーティング方法として，パケットごとにルーティングを行うのではなく，同一経路のパケットに対しては最初のパケットだけルーティングし，その後のパケットはルーティングせず(カットスルー)，前のパケットと同一の経路を固定的に選択する，IPスイッチ[20]やラベルスイッチという新しい方式が提案され，MPLS (multi-protocol label switching) として，標準化が進められている[21]．最近ではMPLSはIPパスを構成し，高品質なIP通信を実現する技術として注目されるようになっている．

今後爆発的に増大するIPトラヒックを経済的に伝送する方法として，WDMでIPを伝送する方法が研究されている．多重化の方法として，① IP/SDH/WDM, ② IP/ATM/WDM, ③ IP/WDMのようにいくつかの方法が研究されている．また，SDHのフレームを簡易化したり，IPを伝送する第2層を改良するなど多くの研究が進められている．

演習問題

（1） 交換機間の伝送コストを下げる方法を考察せよ (7章で説明した伝送方式自体の低コスト化以外の方法)．

（2） クロスコネクト機能を説明せよ．

（3） ネットワークの高信頼化の方法として，スイッチングネットワークで切り替える方法とトランスポートネットワークで切り替える方法を比較し考察せよ．

（4） リング切替えのUPSRとBLSRについて比較せよ．

（5） 図9.16で1周期(125 μs)に1000チャネルが多重化されていたとする．1チャネルは8ビットとする．この方式に必要なデータメモリのアクセス時間を求めよ．

（6） SDHトランスポートとATMトランスポートの特徴を述べよ．

（7） ATMスイッチの代表的な構成法を列挙し，おのおのの特徴を述べよ．

（8） 電話型通信と比較してインターネットの特徴を考察せよ．

参考文献

1) 五嶋一彦：情報通信網（電子・情報通信基礎シリーズ8)，朝倉書店（1999)．

2) B. C. Drechsler : "DACS cross-connects and that's just the beginning", Bell Laboratories Record, pp. 305-311 (1980).

3) 相原憲一，富田邦明，豊島基良："回線編集・監視系の構成"，通研実報，Vol. 28，No. 7,

pp. 1447-1465 (1979).
4) 井上友二, 坪井利憲, 吉開範章 : "ブロードバンド ISDN を支える SDH の世界—第 3 回—", コンピュータ&ネットワーク LAN, pp. 99-105, オーム社 (1992).
5) 三浦秀利 : "事業の基本としてのネットワークマネジメントを充実・強化—伝送路網の構築・運用の基本と今後の展望—", NTT 技術ジャーナル, Vol. 4, No. 1, pp. 10-15(1992).
6) T. Kanada, K. Sato and T. Tsuboi : "An ATM based transport network architecture", IEEE Int., Workshop Future Prospects Burst/Packetized Multimedia Commun. (1987).
7) K. Sato : Advances in transport technologies-photonic networks, ATM and SDH-, Artech House (1996).
8) R. Kawamura : "Architecture for ATM network survivability", IEEE Communications Surveys, Vol. 1, No. 1, pp. 2-11 (1998).
9) Tsong-Ho Wu : Fiber network service survivability, Artech House (1992).
10) I. Haque, W. Kremer and K. Raychaudhuri : "Self-healing rings in a synchronous environment", IEEE LTS, Vol. 2, No. 4, pp. 30-37 (1991).
11) 坪井利憲, 山中直明編著 : やさしい ATM, 電気通信協会 (1998).
12) 上田裕巳, 小原 仁, 上松 仁, 太田 宏 : "ATM クロスコネクト技術", NTT R&D, Vol. 42, No. 3, pp. 357-366 (1993).
13) 青木利晴, 宮内 充, 田中千速, 河西宏之 : インターネット&情報スーパーハイウェイ, オーム社 (1995).
14) プロトコルハンドブック編集委員会編 : 新プロトコルハンドブック, 朝日新聞社(1994).
15) D. Commer : TCP/IP によるネットワーク構築 Vol. 1 原理・プロトコル・アーキテクチャ (村井 純, 楠本博之訳), 共立出版 (1993).
16) 竹下隆史, 荒井 透, 苅田幸雄 : マスタリング TCP/IP, オーム社 (1994).
17) J. Manchester, J. Anderson, B. Doshi and S. Dravida : "IP over SONET", IEEE Communications Magazine, Vol. 36, No. 5, pp. 136-142 (1998).
18) 三宅 功編 : 絵とき ATM ネットワークバイブル, オーム社 (1995).
19) A. Romanow and S. Floyd : "Dynamics of TCP traffic over ATM networks", IEEE Journal Selected Areas in Commun., Vol. 13, No. 4, pp. 633-641 (1995).
20) P. Newman, T. Lyon and G. Minshall : "Flow labelled IP : A connectionless approach to ATM", Proc. IEEE Infocom (1996).
21) B. Davie, P. Doolan and Y. Rekhter : Switching in IP networks, Morgan Kaufman Publishers (1998).

付　　録

付録1. CRC

ディジタル通信では伝送途中で伝送路の雑音などにより，情報に誤りが発生することがある．これを伝送路符号誤りという．伝送路符号誤りの様子は伝送媒体により異なる．光ファイバ通信などの有線伝送系では伝送路符号誤りはランダム誤りで，かつ通常伝送路符号誤り率は 10^{-10} 以下というように非常に高品質であるので，誤り制御としては，誤り訂正符号までは用いず，誤り検出符号が用いられることが多い．現在誤り検出符号として最もよく用いられる方式がCRC（cyclic redundancy check）である．以下，CRCについて説明する．

誤り検査を行う k ビットのデータ列を $b_0, b_1, \cdots, b_{k-1}$ とする．ここで，b_i は“1”または“0”である．そこで，これらの b_i を係数とする多項式 $P(x)$ を情報多項式と呼ぶ．

$$P(x)=b_{k-1}x^{k-1}+b_{k-2}x^{k-2}+\cdots+b_0 \qquad (付1.1)$$

CRCは生成多項式（generator polynomial）$G(x)$ を用いて規定される．

$$G(x)=x^r+g_{r-1}x^{r-1}+\cdots+g_1x+1 \qquad (付1.2)$$

送信側では $x^rP(x)/G(x)$ なる演算を行い，余りを求める．ただし，これらの多項式の係数は2値であり，演算はすべてモジュロ2で行われる（$0+0=0$，$0+1=1$，$1+0=1$，$1+1=0$，$-1=1$）．余りの多項式を $C(x)$，商の多項式を $Q(x)$ とする．$G(x)$ が r 次の多項式であるので，剰余多項式の次数はたかだか $(r-1)$ 次である．

$$x^rP(x)=Q(x)G(x)+C(x) \qquad (付1.3)$$

$$C(x)=c_{r-1}x^{r-1}+c_{r-2}x^{r-2}+\cdots+c_1x+c_0 \qquad (付1.4)$$

剰余多項式 $C(x)$ の係数 $(c_{r-1}, c_{r-2}, \cdots, c_0)$ が求めるCRCである．そこで，送信側では，付図1.1に示すようにデータ k ビットに，式（付1.4）で求められたCRC r ビットを付加して送信する．したがって，送信される $(k+r)$ ビットの情報列に対応した多項式を $D(x)$ とすると，$D(x)$ は $(k+r-1)$ 次の多項式である．

$$D(x)=x^rP(x)+C(x) \qquad (付1.5)$$

そして受信した $(k+r)$ ビットの情報列に対応した多項式を $V(x)$ とする．この $V(x)$ を生成多項式 $G(x)$ で割り算を行い，割り切れれば伝送中に誤りが発生しなかったと見なせる．このことは以下の説明で理解できる．

伝送路で発生した誤りの系列に対応する多項式を $E(x)$ とする．たとえば，伝送された情報の第 i ビットに誤りが発生していれば，$E(x)=x^i$ である．したがって，受信された情報列 $V(x)$ は送信情報列 $D(x)$ に伝送路誤りが加わったものと考えることができるので，

$$V(x)=D(x)+E(x) \qquad (付1.6)$$

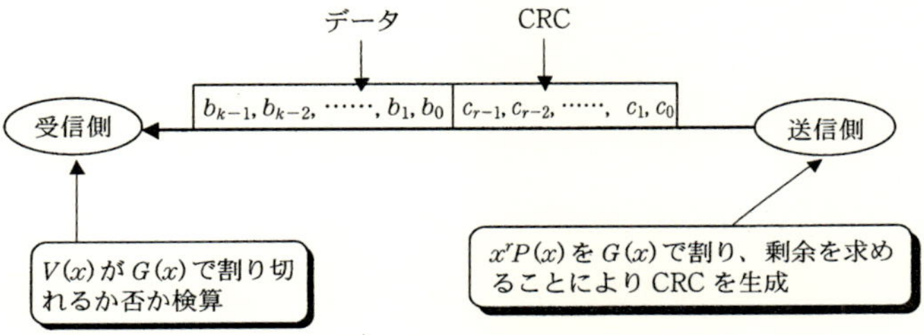
データ
CRC
$b_{k-1}, b_{k-2}, \cdots\cdots, b_1, b_0$
$c_{r-1}, c_{r-2}, \cdots\cdots, c_1, c_0$
受信側
送信側
$V(x)$ が $G(x)$ で割り切れるか否か検算
$x^rP(x)$ を $G(x)$ で割り、剰余を求めることにより CRC を生成

$P(x)$：送信データに対する多項式
$G(x)$：生成多項式
$V(x)$：受信した情報列(データ＋CRC)に対する多項式

付図 1.1　CRC による伝送路誤り検出法

である．$V(x)$ を $G(x)$ で割り算し，式 (付 1.3)，(付 1.5) を式 (付 1.6) に代入する．

$$\frac{V(x)}{G(x)}=\frac{Q(x)G(x)+C(x)+C(x)+E(x)}{G(x)}=Q(x)+\frac{E(x)}{G(x)} \quad (付 1.7)$$

したがって，$V(x)$ を $G(x)$ で割り算して割り切れるということは，$E(x)=0$，すなわち誤りがなかったと見なせる．しかし，もし $G(x)$ で割り切れるような誤り $E(x)$ が発生すれば，誤りが検出できない．これが CRC の誤り検出能力であり，以下のことが知られている[1])．

① すべての単一誤りは検出できる．

② CRC が r ビットのとき，長さが r 以下のすべてのバースト誤りを検出できる．

③ バースト長 $r+1$ ビットのとき，見逃し確率は $1/2^{r-1}$ である．

④ 長さ $r+1$ ビット以上のバーストや短いバーストがいくつも発生するとき，見逃し確率は $1/2^r$ である．

〔例題〕

生成多項式 $G(x)=x^4+x+1$ であったとする．送信データ列 “11001010” に対する CRC を求めてみる．情報多項式 $P(x)$ は，

$$P(x)=x^7+x^6+x^3+x$$

である．これに生成多項式の最高次数の項を乗算する．

$$x^4P(x)=x^{11}+x^{10}+x^7+x^5$$

これを生成多項式 $G(x)$ で割り算を行い，その剰余を求める．下記のようにモジュロ 2 の演算を行うと，剰余は x^2 である．したがって，求める CRC は“0100”である．送信情報はもとのデータに CRC を付加した “110010100100” となる．

$$
\begin{array}{r}
x^7+x^6+x^4+x^3+x^2 \qquad\qquad\qquad\qquad \\
x^4+x+1\,\overline{)\,x^{11}+x^{10}+x^7+x^5} \qquad\qquad\qquad\qquad \\
\underline{x^{11}+x^8+x^7} \qquad\qquad\qquad\qquad \\
x^{10}+x^8+x^5 \qquad\qquad\qquad\qquad \\
\underline{x^{10}+x^7+x^6} \qquad\qquad\qquad\qquad \\
x^8+x^7+x^6+x^5 \qquad\qquad\qquad\qquad \\
\underline{x^8+x^5+x^4} \qquad\qquad\qquad \\
x^7+x^6+x^4 \qquad\qquad\qquad \\
\underline{x^7+x^4+x^3} \qquad\qquad \\
x^6+x^3 \qquad\qquad \\
\underline{x^6+x^3+x^2} \qquad \\
x^2 \qquad
\end{array}
$$

演算はすべてモジュロ2で行う

x^2 剰余

↓

剰余は,

x^3 の係数＝0

x^2 の係数＝1

x の係数＝0

x^0 の係数＝0

CRC＝0, 1, 0, 0

参 考 文 献

1)　A. S. Tanenbaum：タンネンバウムコンピュータネットワーク原書2版（斎藤忠夫，小野欽司，発田　弘訳），丸善（1992）.

付録2.　ATM 多重化における遅延時間分布とセル損失

ATM の多重化ではネットワークのなかに置かれたバッファメモリにより，待合せが発生するために，セルごとに遅延時間が異なったり，セル損失が発生したりする．この現象は待ち行列理論により解析できる[1]．

（1）遅延揺らぎ特性

多重化における遅延時間分布を求めるためには，バッファ内のセル数分布を求めればよい．バッファ（待ち行列）に存在しているセルの数を状態とし，バッファに新たにセルが到着するとともに，バッファからセルが伝送路に出力されることによりバッファ内のセル数が変化するが，これを状態間の遷移と見なし，遷移確率を計算することにより，バッファ内のセル数分布を求めることができる[1]．

以下の用語を定義しておく．

C_n：多重化システムに入ってくる n 番目のセル

τ_n：C_n の到着時刻

t_n：$\tau_n - \tau_{n-1}$

x_n：C_n に対するサービス時間

q_n：C_n がサービスから退去した（バッファから伝送路へ出力された）ときの残余セル数

v_n：C_n がサービス期間中（バッファから伝送路へ読み出されている途中）に到着したセル数

q_n の確率分布を求めることが目標である．ここでバッファ量は無限であると仮定する．

1ステップ遷移確率を

$$\boldsymbol{p}_{ij} \triangleq \boldsymbol{P}[q_{n+1}=j \mid q_n=i] \qquad (付 2.1)$$

と定義する（$i, j=0, 1, 2, \cdots$）．

p_{ij} は C_n がサービスから退去したとき（セルが伝送路に出力された直後）のバッファ内のセル数が i で，次の C_{n+1} がサービスから退去したときのバッファ内のセル数が j である確率である．ここで，p_{ij} を要素とする遷移確率行列を導入する．

$$\boldsymbol{P}=[p_{ij}] \qquad (i, j=0, 1, 2, \cdots) \qquad (付 2.2)$$

また，

$$\alpha_k = P[v_{n+1}=k] \qquad (付 2.3)$$

なる α_k を導入する．すると，遷移確率行列 P は次式となる．

$$\boldsymbol{P}=\begin{bmatrix} \alpha_0 & \alpha_1 & \alpha_2 & \alpha_3 & \cdots \\ \alpha_0 & \alpha_1 & \alpha_2 & \alpha_3 & \cdots \\ 0 & \alpha_0 & \alpha_1 & \alpha_2 & \cdots \\ 0 & 0 & \alpha_0 & \alpha_1 & \cdots \\ 0 & 0 & 0 & \alpha_0 & \cdots \\ \cdot & \cdot & \cdot & \cdot & \cdots \\ \cdot & \cdot & \cdot & \cdot & \cdots \end{bmatrix} \qquad (付 2.4)$$

セルの到着をポアッソン到着過程とすると，α_k は次式で与えられる．

$$\alpha_k = \int_0^\infty \frac{(\lambda x)^k}{k!} e^{-\alpha x} b(x)\, dx \qquad (付 2.5)$$

ここで，λ：出生係数

$b(x)$：サービス時間の確率密度関数

セルは固定長であり，M/D/1であることを用いて，式（付2.6）が導ける．

$$\alpha_k = \frac{\rho^k}{k!} e^{-\rho} \qquad (付 2.6)$$

ここで，ρ は伝送路収容効率であり，

$$\rho = \frac{L\lambda}{C} \qquad (付 2.7)$$

の関係がある．

すると，定常確率は次のベクトル方程式で求められる．

$$\boldsymbol{p} = \boldsymbol{p}\boldsymbol{P} \qquad (付\,2.8)$$

ここで，

$$\boldsymbol{p} = [p_0, p_1, p_2, \cdots]$$

p_k は定常状態で1つのセルが伝送路に出力されたときに，バッファに k 個のセルが残っている確率である．

$$p_k = P[\tilde{q} = k] \qquad (付\,2.9)$$

式(付2.8)を解くことにより，バッファ内の残留セル数分布を求めることができる．しかし，式(付2.8)は無限次元の方程式であるが，実際の多重化システムでは k の値が非常に大きくなると，p_k は限りなく0に近づく．そこで，式(付2.8)を非常に大きな値 m を用いて，m で打ち切る．すなわち，

$$\left.\begin{aligned} &\boldsymbol{p}^{(m)} = \boldsymbol{p}^{(m)}\boldsymbol{P}^{(m)} \\ &\boldsymbol{p}^{(m)} = [p_0, p_1, \cdots, p_m] \\ &\sum_{i=0}^{\infty} p_i = 1 \end{aligned}\right\} \qquad (付\,2.9)$$

ATMでは1つのセル長時間 L/C を単位として動作するので，残留セル数が k 個であれば，遅延時間は $(k+l)L/C$ で，残留セル数分布を遅延時間分布に変換できる．

（2）　バッファ量とセル損失

(1)の解析では，バッファ量は無限大としてきた．しかし，実際のシステムではバッファ量は有限である．そのためもしバッファに入りきらないほどのセルが到着すると，バッファあふれが生じ，セルの損失になる．バッファ量とセル損失率の関係を求めるために，定常状態での遷移確率を利用する．バッファ量を B とする．また，バッファ内に残留しているセル数を i とする．

（i）$0 < i \leqq B$ のとき

新たに j 個のセルが到着したとする．セル損失になるのは，$(i-1)+j > B$ のときである．すなわち，$j = B-i+m (m=1, 2, \cdots)$ とすると，$(m-1)$ 個のセルが廃棄される．バッファ内のセル数が i である確率は p_i であり，j 個のセルが到着する確率は $\alpha_j = \alpha_{B-i+m}$ であるので，セル損失個数の期待値 γ_1 は，

$$\gamma_1 = \sum_{i=1}^{B}\sum_{m=1}^{\infty}(m-1)\,p_i\alpha_{B-i+m} \qquad (付\,2.10)$$

（ii）$i = 0$ のとき

バッファ内にセルが残存しないときに，$j = B+m$ のセルが到着すると，m 個のセルが損失となる．したがって，セルの損失個数の期待値 γ_2 は，

$$\gamma_2 = \sum_{m=1}^{\infty} m p_0 \alpha_{B+m} \qquad (付\,2.11)$$

サービス時間当たりの到着するセル数の期待値は ρ である．これより，セル損失率 β は次式で計算できる．

$$\beta=\frac{\gamma_1+\gamma_2}{\rho}=\frac{\sum_{i=1}^{B}\sum_{m=1}^{\infty}(m-1)p_i a_{B-i+m}+\sum_{m=1}^{\infty}mp_0 a_{B+m}}{\rho} \qquad (付 2.12)$$

参考文献

1)　L. Kleinrock：待ち行列システム理論（上，下）（手塚慶一，真田英彦，中西　暉訳），マグロウヒル好学社（1979）.

演習問題解答

第1章

（1） インフラストラクチャとしてのネットワークは，人々が個性を発揮し，自由に行動するための舞台でなければならず，豊かな機能を備え，信頼性の高いものでなければならない．豊かで安全な機能としては，ネットワークのサービス機能はもちろん，経済システムや法制度を含み，これらが情報通信世界（サイバー世界）に適合するように作られなければならない．

（2） 砂はLSI，ガラスは光ファイバ，空気は電波を意味する．これらはインターネットや携帯電話の普及をもたらした基本要素である．

（3） 光ファイバケーブルの優れた性質は，広帯域性，低損失性，細径性，無誘導性である．通信システムに対しては，長距離，大容量伝送を可能とし，遠距離通信料金の低廉化を可能とした．また，ネットワークの伝送品質を向上させた．

第2章

（1） LSI技術，ディジタル信号処理技術などの進歩により通信，コンピュータ，CATVで扱う情報はすべてディジタル形式となり，これまでメディアごとの専用ネットワークで扱っていた情報はマルチメディアネットワークで一元的に扱うことが可能となる．このことから産業としてもこれまでの枠が意味をなさなくなり，企業統合も避けられないものとなっている．

（2） 電話の接続形態には市内電話と市外電話の2種類がある．さらに市内電話は通信相手が同じ加入者線交換機に収容されている場合とそうでない場合とがある．市内電話の前者の場合，加入者線交換機が同じであるため，加入者番号にしたがって相手の加入者線へのスイッチを閉じるだけで通話が可能となる．後者の場合には，まず市内中継線を通って相手の電話機が収容されている加入者線交換機へつなぎ，加入者番号にしたがって相手の加入者線へのスイッチを閉じて通話が可能となる．市外電話は加入者線交換機から中継線交換機につながれ，さらに市外中継線を通って目的地の中継線交換機に接続される．この中継線交換機から相手の電話機が収容されている加入線交換機につながり，その加入者線へのスイッチを閉じて通話が可能となる．

（3） 4階位網から3階位網へと階層が少なくなった．その結果，ネットワークがシンプル化しオペレーションが容易になったり，接続遅延時間の減少や，伝送品質を向上するなど通信特性が向上した．

（4） TCP/IPはインターネットプロトコルの集合体を意味している．世界中で利用されており，デファクトスタンダードとなっている．

(5)　インターネットはマルチメディアネットワークであり，今後，ますます利用・普及が進むと考えられている．そのためネットワークを構成するルータの処理能力の増大，伝送路の大容量化，アドレス空間の増大，セキュリティ技術としての暗号や認証など技術的な開発が求められている．また，利用面では医療，教育，ビジネスなどに新たな可能性を持っており，システム化や利用方法の普及が期待されている．

第3章

(1)　標本化，量子化，符号化である．標本化はアナログ信号を一定間隔で取り出す操作．標本化周波数はアナログ信号の最高周波数の2倍以上に選ぶ．量子化は振幅値をあらかじめ決めた値で近似し，振幅値を離散値化する操作．符号化は量子化された値を“0”と“1”の組合せで表現する操作．

(2)　第一は標本化周波数を高くすること．標本化周波数が高いほど，符号化できる信号の周波数帯域を広くできる．周波数帯域が広いということは，より原音に近い信号を符号化することである．第二は量子化ビット数を増やすこと．量子化ビット数が多いほど量子化雑音を減らすことができるので，品質が向上する．

(3)　振幅 0 dB のときの S/N_q は，式 (3.1) より，$n=7$，8 に対しておのおの 43.8 dB，49.8 dB である．この値を β とする．最大振幅値を $x_{\max}$，各振幅値を x とする．振幅値 x のときの S/N_q を y とすると，式 (3.1) より，$y=20\log(x/x_{\max})+\beta$．

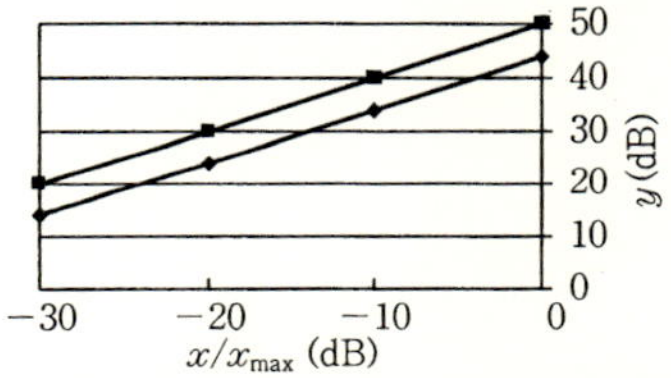

(4)　発生頻度の高い振幅部分に多くの量子化ビットを割り当て，発生頻度の低い振幅部分の量子化ビットを少なくする．これにより量子化雑音が減らせる．また，幅広い入力信号に対して，線形符号化よりも量子化雑音を減らすことができる．

(5)　信号の特徴を利用し，符号化する情報量を削減することにより，ビットレートが削減できる．音声信号の時間的相関性を利用した予測符号化や音声の生成過程をモデル化し音声の特徴を表すパラメータを伝送する方式などがある．

(6)　TV 信号は2次元を1次元に変換しており，標本化周波数も標本化定理を満たす以外に TV 信号特有の値に選ぶことが多い．量子化も線形に近い量子化が用いられることが多い．

(7)　ディジタル信号に変換を行い，信号の占有帯域を変換する技術がディジタル変調である．帯域の広いディジタル信号を電話回線を使って伝送したり，使用帯域に制約のある無線で占有帯域を変換するためなどに用いられている．

(8)　振幅変調：搬送波の振幅をデータ信号の“0”と“1”で切り替える．回路は簡単であるが，雑音やレベル変動に弱い．周波数変調：搬送波の周波数をデータ信号の“0”と“1”で切り替える．振幅変調と比べて雑音やレベル変動に強い．位相変調：搬送波の位相をデータ信号で変化させる．レベル変動に強く，伝送効率が高い．直交振幅変調：データ信号を2組に分け直交する搬送波を振幅変調し，加算する．最も伝送効率が高く，伝送路誤りにも強い．

（9）　搬送波の最大振幅を A とすると，おのおのの信号点配置は図のようになる．

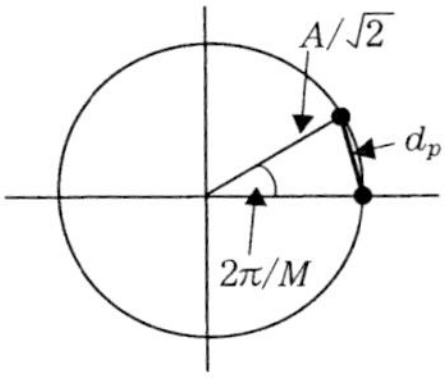

M 相 PSK の信号点配置

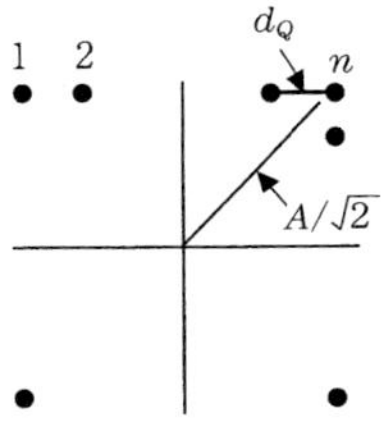

MQAM の信号点配置

$$d_P=\sqrt{2}\,A\sin\frac{\pi}{M}$$

$$d_Q=\frac{A}{n-1}$$

$$\therefore\quad \frac{d_P}{d_Q}=\sqrt{2}\,(n-1)\sin\frac{\pi}{n^2}$$

n が 4 以上では $d_P/d_Q<1$ であり，QAM のほうが信号点間の距離が遠いので，伝送路符号誤りに強い．

（10）　式 (3.14) に $W=3100\,\mathrm{Hz}$，$S/N=(1/n)\times10^4$ を代入し，$C=33600\,\mathrm{b/s}$ 以上となる n を求める．$n=5$.

第4章

（1）　一般に多重化するほど情報当たりの伝送コストが安くなるため．

（2）　非同期多重化：余剰パルスの挿入あるいは除去によりクロック周波数を合わせて多重化する．各信号源の基準クロックは独立でよいので，構成が簡単．しかし，多重化のとき待ち合わせ時間ジッタが生ずる．同期多重化：ネットワーク内の共通クロックにより，すべての信号源のクロック周波数を一致させて多重化する．多重化時のジッタがなく，また多重化信号のなかから直接チャネルを抜き差しできる．しかし，ネットワーク内のすべてのクロック周波数を一致させる必要がある．

（3）　同期復帰時間：式 (4.1) で，$\tau_1=125\,\mu\mathrm{s}$，$\tau_2=1/155.52\times106\,\mathrm{s}$，$N_0=19440\,(=270\times9\times8)$ として，T_R が $125\,\mu\mathrm{s}$ 以下になるように r を求めると，$r\geq29$．そこで，$r=32$ ビット．後方保護段数は，式 (4.5) に，$r=32$，$\varepsilon=10^{-4}$，$\rho_{hp}=10^{-6}$，$\rho_{rp}=0.01$ を代入すると，$1.1\leq N_B\leq3.1$．これを満たす最小整数値として 2 段．前方保護段数は式 (4.6) に $T_m=3.15\times10^8\mathrm{s}$ (10 年) を代入すると，$N_F\geq4.97$ を満たす最小整数値として 5 段．

（4） すべての速度系列で同期多重化，世界統一のハイアラーキである．

（5） 125 μs のなかに $(270\times8)\times9$ ビット含まれるので，$270\times8\times9/125\times10^{-6}=155520000$ bit/s，すなわち 155.52 Mbit/s である．

（6） ① SDH フレーム上で多重化される信号の先頭位置を示す．②非同期信号を SDH に多重化するとき，スタッフ制御に使用．

（7） 可変長は伝送効率が高い．固定長は多重化遅延時間が少なく，多重化ハードウェアが簡単．

（8） 位置多重：フレーム同期信号位置からの相対位置で多重化情報を識別．1 つの情報は周期的に配置される．定常的な情報を効率よく多重化できる．セル多重：固定長のセルを多重化．ヘッダにより多重化位置を識別．周期性にとらわれることなく多重化できるので，バースト的な情報や異なった速度の情報を効率よく多重化できる．

（9） 従属同期：1 つのノードに高精度な主発振器を置き，他のノードにはこれより精度の低い従属発振器を置き，主発振器から従属発振器にクロックを分配する．経済的で制御も簡単．クロック分配路が故障したときの対策が必要．独立同期：すべての局に高精度な発振器を置く．1 カ所の故障が全体に影響しないが，経済性に難点がある．相互同期：各ノードの発振器で周波数情報を交換し，平均周波数に収斂させる．それほど高精度な発振器は必要ないが，安定に周波数を制御することが困難．

第5章

（1） 3 R 機能は reshape，retiming，regeneration の頭文字をとったものである．この 3 R 機能によって再生中継器の前の伝送路区間で加わる雑音が除去され，長距離伝送にもかかわらず高品質な伝送特性を確保できる．

（2） 中継数を N とするとランダム性ジッタの実効値（rms 値）は $N^{1/4}$ に比例して増加し，パターンジッタの実効値（rms 値）は $N^{1/2}$ に比例して増加する．したがって，多中継伝送で問題となるのはパターンジッタである．

（3） 図 5.14 を参照．スクランブラへの入力パルス列の“1”の確率を $p(1)$，“0”の確率を $p(0)$ とする．一方，シフトレジスタから構成される回路の出力（入力パルス列と排他的論理和をとるパルス列）の“1”の確率を $q(1)$，“0”の確率を $q(0)$ とする．スクランブラ出力の“1”の確率を $P(1)$ とすると以下のとおりとなる．

$$P(1)=p(1)\cdot q(0)+p(0)\cdot q(1)$$

図 5.14 の場合，5 段のスクランブラであり $q(1)=16/31$，$q(0)=15/31$ であり，段数がある程度大きくなると，$q(1)\fallingdotseq q(0)\fallingdotseq 1/2$ と考えてよい．よって

$$P(1)\fallingdotseq\frac{p(1)+p(0)}{2}=\frac{1}{2}=0.5$$

すなわち，入力パルス列のマーク率（1 の確率）にかかわらずスクランブラ出力のマーク率は 0.5 となる．

（4） 中継器の構成が簡単になること，および中継器に速度依存性を持つ回路がなく

ビットフリー伝送路を実現でき，将来，システムとしての伝送容量を増やそうとするときに端局装置を替えることで可能となるシステム構築の柔軟性による．

（5）　マルチモードファイバはコア径が 50 μm 程度と大きく，コア部の屈折率が一定のステップインデックス型とコア部の屈折率が，中心部は大きく，端部は小さいグレーデッドインデックス型がある．一方，シングルモードファイバはコア径が 10 μm 程度と小さく，コア部の屈折率が一定のもの（1.3 μm で零分散）と変化させたもの（1.5 μm で零分散）とがある．モード分散特性に優れるシングルモードファイバが高速大容量伝送に適する．

第6章

（1）　エコーキャンセラー方式：ハイブリッド回路は，ケーブル側のインピーダンスと整合した終端インピーダンスを持ち，図 6.10 の NT 1 のハイブリッド回路の例では，ハイブリッド回路の左から入力された信号（上り信号）は右へ流れ，逆に右から入力された信号(下り信号)は NT 1 出力に向かうよう，上下信号を分離できる．ただし，インピーダンスの整合が完全にはできないことがあり，NT 1 の中で上り信号が下り信号に混ざるので，エコーキャンセラーでこの回り込み成分を除去する．TCM 方式：信号の速度を 2 倍以上に高め，1 つのケーブル上である時間帯は上り信号，ある時間帯は下り信号というように，上下信号で時間を分けて双方向通信を行う．

（2）　図 6.5 参照．

（3）　図 6.9 参照．

（4）　ADSL：アナログの電話線を用いて高速のディジタル信号を伝送する．下り信号が上り信号よりも高速な非対称方式．HDSL：1.5 Mb/s あるいは 2 Mb/s の高速ディジタル信号を伝送するが，2 ないし 3 対のメタリックケーブルを用いる．SDSL：1 対のメタリックケーブルで上下速度対称のディジタル信号を伝送する．VDSL：1 対のメタリックケーブルで数十 Mb/s の高速ディジタル信号を伝送する．伝送距離は他方式に比べて短い．

第7章

（1）　同軸方式と比べ伝送損失が少ないために中継間隔を長くすることができる．また，帯域が広いために多重度を上げることができる．

（2）　光ファイバケーブルの伝搬損失，光コネクタの損失，光コネクタの反射．伝送距離が長くなると，損失が増加し，受信器に到達する光信号レベルが低下する．すなわち，S/N が劣化し，符号誤り率が増大する．

（3）　図 7.7 より符号誤り率 10^{-10} を得るための S/N は 22.2 dB．式 (7.2) にこの値を代入し，P_s を求め，次いで式 (7.3) により平均受光電力が求められる．結果は，−35.5 dBm，−31.7 dBm，−30.0 dBm．

（4）　シングルモードファイバでは波長により光の伝搬速度が異なる．光源の波長が完全には単一波長でないために，分散の影響で光信号が劣化し伝送距離が制限される．

（5）図 7.9 参照．

（6）パリティ方式の一種．BIP-m は被監視情報を m ビット単位に区切り，この中の第 i ビットに対して偶数パリティ演算を行う．分散したビットに対してパリティ演算を行うので，バースト誤りに強い．

（7）再生中継器：光信号を電気信号に変換し，3 R 機能を行い，再び光信号に変換する．電気信号で処理を行うので，フレーム上の監視機能を使用できるので，保守運用が容易．線形中継器：光信号を直接増幅する．回路が簡単であり，ビットレートフリーが実現できる．波形劣化が累積する．

（8）多重化された n チャネルの電気信号をおのおの波長 $\lambda_1, \lambda_2, \cdots, \lambda_n$ の光信号に変換し，光合波器により 1 本のファイバに多重化し伝送する．受信側では光分波器で各波長に分離する．

第8章

（1）伝送媒体が空間であり，特別な伝送路を引かなくても情報を伝達できることである．

（2）ダイバーシティ技術である．これは 1 つの無線チャネルに対して 2 つ以上の伝搬路を準備し，受信局で受信波を選択ないしは合成して受信レベルの変動を抑圧する技術である．代表的なものとしてスペースダイバーシティと周波数ダイバーシティがある．

（3）基地局に設置するアンテナで利用できる範囲をゾーンという．大ゾーン構成は，サービスエリアとゾーンとが一致する構成である．これに対して小ゾーン構成は，サービスエリアをいくつかの小ゾーン（セルともいう）で構成し，電波干渉がないように周波数の選択をするものである．小ゾーン構成は大ゾーン構成と比較して電波の使用効率が高く，現状のシステムでは小ゾーン構成が利用されている．

（4）静止衛星は地球の上空約 36000 km に打ち上げ，地球の自転周期と同じ周期で回るように制御したものである．したがって，地上からみると衛星は静止してみえる．一方，周回衛星は地球の自転とは無関係に比較的低い軌道を回るものである．静止衛星はカバーする地域が広く，国際間の通信や国内通信に広く利用されてきた．周回衛星は静止衛星と比較して送信に必要な電波強度が小さくてすみ，移動通信のような新しい分野への適用が検討されてきた．

第9章

（1）クロスコネクトシステムにより伝送路の収容効率を高める．

（2）伝送路の収容効率を高める収束機能．伝送路に多重化されている複数のサービスを振り分けるサービス振り分け機能．分岐挿入機能．ネットワークの信頼性を高めるリストレーション機能など．

（3）スイッチングネットワークで切り替える方法はルーティング時に切り替えるの

で，比較的切替えが遅いが，サービスごとに切り替えるので，切替えが必要なサービスのみ切り替えられ経済的．トランスポートネットワークでの切替えは高速であるが，予備の伝送容量が多い．

（4） UPSR は切替え手順が不要で，切替え時間も短い．BLSR はパスが分散的な場合は運べる容量が UPSR よりも多い．

（5） 1 チャネルは 64 kb/s なので，合計で 64 Mb/s．書き込みと読み出し時間が必要であるので，アクセス時間 $=1/2\times 64\times 10^6\,\mathrm{s}=7.8\,\mathrm{ns}$

（6） SDH：大容量のトラヒックを多重化するのに適する．ATM：多様なサービスを多重化するのに適する．

（7） 図 9.18 参照．

（8） 電話型通信は品質優先．また通話に先立って相手までの接続と帯域を確保する．インターネットは必ずしも相手に IP データグラムを届けることを保証せず．このようなベストエフォート型のために非常に低コストが可能．

略語一覧

AAL : ATM adaptation layer
ADM : add-drop multiplexer
ADPCM : adaptive differential pulse code modulation
ADSL : asymmetric digital subscriber line
AM : amplitude modulation
AMI : alternate mark inversion
APD : avalanche photo diode
APS : automatic protection switching
APSK : amplitude-phase shift keying
ARPANET : advanced research project agency network
ASK : amplitude shift keying
ATM : asynchronous transfer mode
AU : administrative unit
AUG : administrative unit group
AWG : arrayed waveguide grating
BIP : bit interleaved parity
B-ISDN : broadband-ISDN
BLSR : bi-directional line switched ring
BSI : bit sequence independence
CALS : continuous acquisition and life-cycle support commerce at light speed
CAP : carrierless amplitude phase modulation
CBR : constant bit rate
CD : compact disk
CDV : cell delay variation
CELP : code excited linear prediction
CLP : cell loss priority
CPCS : common part convergence sublayer
CRC : cyclic redundancy check
DC : direct center
DCS : digital cross-connect system
DFB-LD : distributed feedback LD
DMT : discrete multitone
DSB-AM : double sideband AM
DSU : digital service unit
DWDM : dense WDM
ECH : echo cancellation
EDF : erbium doped fiber
EHF : extremely high frequency
ENIAC : Electronic Numerical Integrator and Computer
EO : end office
EPD : early packet discard
FDM : frequency division multiplexing
FFT : fast fourier transform
FM : frequency modulation
FP-LD : fabry-perot LD
FSK : frequency shift keying
GC : group unit center
GFC : generic flow control
GFR : guaranteed frame rate
GI : graded index
GII : global information infrastructure
HDSL : high-bit-rate digital subscriber line
HEC : header error control
HF : high frequency
IM : intensity modulation
IP : internet protocol
ISDN : integrated services digital network
ISP : internet service provider
ITS : intelligent transport system
LAN : local area network
LD : laser diode
LF : low frequency
LLC : logical link control
LS : local switch

MAC : media access control
MF : medium frequency
MPEG : moving picture experts group
MPLS : multi-protocol label switching
NGI : next generation internet
NII : national information infrastructure
NSF : national science foundation
NTSC : national television system committee
PAM : pulse amplitude modulation
PCM : pulse code modulation
PD : photo diode
PDH : plesiochronous digital hierarchy
PDU : protocol data unit
PHS : personal handyphone system
PLL : phase locked loop
PM : phase modulation
POH : path overhead
PPD : partial packet discard
PPP : point-point protocol
PSF : power separation filter
PSK : phase shift keying
PTM : packet transfer mode
QAM : quadrature amplitude modulation
S-AIS : section alarm indication signal
SAR : segmentation and reassembly
SAW : surface acoustic wave
SBS : stimulated brillouin scattering
SDH : synchronous digital hierarchy
SDMT : synchronized discrete multitone
SDSL : symmetric digital subscriber line
SHF : super high frequency
SM : single mode
SNAP : subnetwork access point
SOH : section overhead
SONET : synchronous optical network
SSB-AM : single sideband AM
STM : synchronous transfer mode
STM-N : sychronous transport module-N
SZC : super zone center
TA : terminal adapter
TC : toll center
TCP : transmission control protocol
TCM : time compression multiplexing
: trellis-coded modulation
TDM : time division multiplexing
TS : time slot
: toll switch
TU : tributary unit
UBR : unspecified bit rate
UHF : ultra high frequency
UNI : user-network interface
UPC : usage parameter control
UPSR : uni-directional path switched ring
vBNS : very high speed backbone network system
VC : virtual container
VCI : virtual channel identifier
VDSL : very-high-speed digital subscriber line
VHF : very high frequency
VLF : very low frequency
VPI : virtual path identifier
VSB-AM : vestigal sideband AM
VSELP : vector sum excited linear prediction
WAN : wide area network
WDM : wavelength division multiplexing
XC : cross-connect system
xDSL : digital subscriber line
ZC : zone center

索　　引

た　行

な　行

は　行

ま　行

や　行

ら　行

わ　行

欧　文

数 字

著者略歴

辻井重男（つじい・しげお）

1933 年　京都市に生まれる
1958 年　東京工業大学理工学部電気工学科卒業
山梨大学工学部助教授，東京工業大学工学部教授等を経て
現　在　中央大学理工学部教授
東京工業大学名誉教授
工学博士

坪井利憲（つぼい・としのり）

1949 年　愛知県に生まれる
1975 年　早稲田大学大学院修士課程修了
NTT 光ネットワークシステム研究所等勤務を経て
現　在　東京工科大学教授
工学博士

河西宏之（かさい・ひろゆき）

1943 年　東京都に生まれる
1968 年　山梨大学大学院修士課程修了
NTT 伝送システム研究所等勤務を経て
現　在　東京工科大学教授
工学博士

電子・情報通信基礎シリーズ 6

ディジタル伝送ネットワーク

定価はカバーに表示

2000 年 9 月 1 日　初版第 1 刷
2015 年 9 月25日　第 6 刷

著　者　辻　井　重　男
　　　　河　西　宏　之
　　　　坪　井　利　憲

発行者　朝　倉　邦　造

発行所　株式会社 朝　倉　書　店

東京都新宿区新小川町 6-29
郵便番号　162-8707
電　話　03(3260)0141
FAX　03(3260)0180
http://www.asakura.co.jp

〈検印省略〉

中央印刷・渡辺製本

ISBN 978-4-254-22786-4　C 3355

Printed in Japan